Verfahrenstechnik in Einzeldarstellungen

Herausgegeben von Dr.-Ing. J. Spangler und Dr.-Ing. W. Matz

12

Wärmediagramme für großtechnische Kontaktprozesse

Von

Dr.-Ing. Johannes Algermissen

Wärmetechnisches Institut der Technischen Hochschule
Braunschweig

Mit 55 Abbildungen

Springer-Verlag
Berlin Heidelberg GmbH

1962

ISBN 978-3-540-02916-8   ISBN 978-3-642-52096-9 (eBook)
DOI 10.1007/978-3-642-52096-9

Vorwort

Seit den richtungsweisenden Pionierarbeiten von MOLLIER, von PONCHON und von MERKEL haben Enthalpie/Zusammensetzungs-Diagramme immer mehr Eingang in Wissenschaft und Technik gefunden. Sehr große Verdienste um die Weiterentwicklung dieser Diagramme und ihre systematische Anwendung auf die verschiedenartigsten verfahrenstechnischen Prozesse in Mehrstoffsystemen kommen besonders BOŠNJAKOVIĆ zu.

Nach dem bisherigen Stand konnten insbesondere solche Vorgänge durch einfache Diagrammkonstruktionen erfaßt und somit schnell und anschaulich beurteilt werden, deren Geschwindigkeit vorwiegend durch den Wärme- und Stofftransport bestimmt ist. Dazu gehören im wesentlichen Phasenumwandlungen und, mit gewissen Einschränkungen, sehr schnell verlaufende chemische Reaktionen.

In dieser Abhandlung wurde ein Schritt weitergegangen und — ausgerichtet auf Kontaktprozesse — zusätzlich die chemische Reaktionskinetik in die Betrachtungsweise aufgenommen. Dabei fanden auch die verschiedenartigsten Wärmetransportvorgänge innerhalb der Reaktionsräume besondere Beachtung. Auf diese Weise wurde es möglich, die mannigfaltigen Vorgänge, welche den Ablauf großtechnischer Kontaktprozesse steuern, geschlossen darzustellen.

Das beschriebene graphische Berechnungsverfahren stützt sich auf das i, ψ-Diagramm für chemische Reaktionen. Der Erörterung der eigentlichen Rechenoperationen wurde daher eine eingehende Analyse des i, ψ-Diagrammes vorangestellt. Dabei zeigten sich einige vorher noch nicht erkannte geometrische Besonderheiten, die nicht nur einfache, allgemeingültige Diagrammkonstruktionen, sondern auch eine Erweiterung des Diagrammes ermöglichten. Das erweiterte i, ψ-Diagramm wurde ebenfalls beschrieben. Es dient unter anderem dazu, örtliche Gleichgewichtsverschiebungen zu behandeln, wie sie an den Phasengrenzen schnell verlaufender Kontaktreaktionen auftreten können.

Die vorliegende Arbeit entstand während meiner Tätigkeit im Wärmetechnischen Institut der Technischen Hochschule Braunschweig und wurde dort als Dissertation angenommen. Herrn Professor Dr.-Ing. F. BOŠNJAKOVIĆ möchte ich für die Anregung und Förderung dieser Arbeit aufrichtig danken. Mein Dank gilt ferner der Badischen Anilin- u. Soda-Fabrik AG., Ludwigshafen, für die Unterstützung in den Anfängen der Arbeit und dem Springer-Verlag für die schnelle und vorbildliche Drucklegung dieses Buches.

Stuttgart, im Oktober 1961   **Johannes Algermissen**

Institut für Thermodynamik der Flugtriebwerke
der Technischen Hochschule Stuttgart

Formelzeichen und Indizes

Wichtige Formelzeichen

A	Aktivierungsenergie [kcal/kmol]
$A_{\mathrm{I}}, A_{\mathrm{II}}, A_{\mathrm{III}}$	gasförmige Reaktanten
$A_{N_{\mathrm{I}}}, A_{N_{\mathrm{II}}}, A_{N_{\mathrm{III}}}$	Inertgase
A_j	beliebige Gemischkomponente
A_u	Bezugskomponente des Gemisches
$A_{f_{\mathrm{I}}}, A_{f_{\mathrm{II}}}, A_{f_{\mathrm{III}}}$	feste Reaktanten .....
A_{f_j}	beliebige Feststoffkomponente
b	gesamter Stofftransportwiderstand [m² s/kmol]
C_f	Molwärme des Feststoffes [kcal/kmol grd]
C_p	Molwärme des Gemisches bei konstantem Druck [kcal/kmol grd]
c_j	Konzentration [kmol/m³]
D	Diffusionskoeffizient [m²/s]
d	Durchmesser, charakteristische Länge [m]
F	geometrische Kontaktkörperoberfläche [m²]
F_0	Phasengrenzfläche [m²]
F_B	Wand- oder Mantelfläche des Kontaktkörperbettes [m²]
F_k	kühlmittelseitige Wandfläche [m²]
$f_{\mathrm{I}}, f_{\mathrm{II}}, f_{\mathrm{III}} \cdots f_j$	Fugazitätskoeffizienten
f_B	Querschnittsfläche des Kontaktkörperbettes [m²]
f_R	Querschnittsfläche des Reaktionsraumes [m²]

H .... Häufigkeitsfaktor der Reaktion

I .... Gesamtenthalpie [kcal], [kcal/s]

i .... spezifische Enthalpie des Gemisches [kcal/kmol]

$i_{\rm I}, i_{\rm II}, i_{\rm III} \ldots i_j$ .... spezifische Enthalpien der Gemischkomponenten [kcal/kmol]

i_f .... spezifische Enthalpie des festen Stoffes [kcal/kmol]

$i_{f_{\rm I}}, i_{f_{\rm II}} \ldots i_{f_j}$ .... spezifische Enthalpien der Feststoffkomponenten [kcal/kmol]

$K_p, K_{\rm r}$ .... Gleichgewichtskonstanten

k .... kühlmittelseitige Wärmedurchgangszahl [kcal/m² s grd]

$k_{\rm eff}$ .... effektive Geschwindigkeitskonstante nach Gl. (76) [kmol/m² s]

k_F .... Geschwindigkeitskonstante, bezogen auf die Einheit der geometrischen Kontaktstoffoberfläche nach Gl. (42) [m/s]

k_{F_0} .... Geschwindigkeitskonstante, bezogen auf die Einheit der Phasengrenzfläche nach Gl. (40) [m/s]

$k_{\rm r}$ .... Geschwindigkeitskonstante, bezogen auf die Volumeneinheit des Reaktionsraumes nach Gl. (38) [s⁻¹]

L_R .... Länge des Reaktionsraumes [m]

$M, \dot{M}$ .... Menge und Mengenstrom des Gemisches [kmol], [kmol/s]

$M_j, \dot{M}_j$ .... Menge und Mengenstrom einer Gemischkomponente [kmol], [kmol/s]

$M_f, \dot{M}_f$ .... Menge und Mengenstrom des Feststoffes [kmol], [kmol/s]

$M_{f_j}, \dot{M}_{f_j}$ .... Menge und Mengenstrom einer Feststoffkomponente [kmol,] [kmol/s]

Nu' .... NUSSELT-Zahl zweiter Art

$n_{\rm I}, n_{\rm II}, n_{\rm III} \ldots n_j$ ...... Reaktionszahlen gasförmiger Reaktanten

$n_{f_{\rm I}}, n_{f_{\rm I'}}, n_{f_{\rm III}} \ldots n_{f_j}$ .... Reaktionszahlen fester (oder flüssiger) Reaktanten

n .... Reaktionszahl der Bezugskomponente des Gemisches

o .... spezifische innere Oberfläche des Kontaktstoffes [m³/kg]

P .... Gesamtdruck [kp/m²]

$P_{\rm I}, P_{\rm II}, P_{\rm III} \ldots P_j$ .... Teildrucke [kp/m²]

Q_f, q_f .... im Feststoff gespeicherte Wärmemenge [kcal/s], [kcal/kmol]

Q_k, q_k .... an das Kühlmittel übertragene Wärmemenge [kcal/s], [kcal/kmol]

Q_r, q_r .... Reaktionswärme [kcal/s], [kcal/kmol]

Q_u, q_u .... an die Umgebung übertragene Wärmemenge [kcal/s], [kcal/kmol]

Q_x, q_α .... an das Gemisch übertragene Wärmemenge [kcal/s], [kcal/kmol]

Q_λ, q_λ .... axial abgeleitete Wärmemenge [kcal/s], [kcal/kmol]

q .... Wärmetönung der Reaktion [kcal/kmol]

$\Re$ .... universelle Gaskonstante [kcal/kmol grd]

Re .... REYNOLDS-Zahl

r .... Radius [m]

r .... Äquivalentgeschwindigkeit [kmol/s m³]

r_j .... Reaktionsgeschwindigkeit [kmol/s m³]

$\mathfrak{r}_{\rm I}, \mathfrak{r}_{\rm II}, \mathfrak{r}_{\rm III} \ldots \mathfrak{r}_j$ ...... Raumanteile [m³/m³]

Sc .... SCHMIDT-Zahl

St .... STANTON-Zahl
T .... absolute Temperatur [°K]
t .... Temperatur im Gemischkern [°C]
t_0 .... Temperatur an der Phasengrenzfläche [°C]
t_a .... Temperatur an der geometrischen (äußeren) Kontaktkörperoberfläche [°C]
t_B .... Temperatur des Kontaktkörperbettes [°C]
t_k .... Temperatur des Kühlmittels [°C]
t_u .... Umgebungstemperatur [°C]
V_R .... Volumen des Reaktionsraumes [m³]
v .... Molvolumen [m³/kmol]
w .... Geschwindigkeit [m/s]
x, y, z .... Ortskoordinaten [m]
α .... Wärmeübertragungszahl zwischen Kontaktkörperoberfläche und Gemisch [kcal/m² s grd]
α_k .... Wärmeübertragungszahl zwischen Kühlwand und Kühlmittel [kcal/m² s grd]
α_u .... Wärmeübertragungszahl zwischen Reaktormantel und Umgebung [kcal/m² s grd]
β .... Stoffübertragungszahl zwischen geometrischer Kontaktkörperoberfläche und Gemischkern [m/s]
β_P .... Stofftransportkoeffizient im Porengefüge [m/s]
γ .... spezielle Größe nach Gl. (51)
δ .... Grenzschichtdicke [m]
δ_B .... Schichtdicke des Kontaktkörperbettes [m]
δ_{B_k} .... äquivalente Schichtdicke des Kontaktkörperbettes für den Wärmetransport zum Kühlmittel [m]
δ_P .... äquivalente Eindringtiefe der Reaktanten in das Porengefüge [m]
ε_k .... Korrekturfaktor für die Geschwindigkeitskonstante
ε_q .... Wärmemengenverhältnis nach Gl. (98)
ε_β .... Korrekturfaktor für die Stoffübertragungszahl
ζ .... „Abbrandverhältnis"
η .... Nutzungsgrad des Porengefüges
Λ .... Geschwindigkeitsfaktor
λ .... Wärmeleitzahl [kcal/m s grd]
λ_B .... effektive Wärmeleitzahl des Kontaktkörperbettes [kcal/m s grd]
v .... kinematische Zähigkeit [m²/s]
ξ .... Porosität
ϱ_s, ϱ_w .... scheinbare und wahre Dichte des Kontaktstoffes [kg/m³]
φ .... Katalysatorkennzahl
χ .... Labyrinthfaktor ......
$\psi_I, \psi_{II}, \psi_{III} \cdots \psi_j$ ..... Molanteile im Strömungskern des Gemisches [kmol/kmol]
$\psi_I', \psi_{II}', \psi_{III}' \cdots \psi_j'$ ..... Molanteile des reduzierten Gemisches [kmol/kmol]
$\psi_{I_0}, \psi_{II_0}, \psi_{III_0} \cdots \psi_{j_0}$ ... Molanteile des Grenzflächengemisches [kmol/kmol]
$\psi_{I_0}', \psi_{II_0}', \psi_{III_0}' \cdots \psi_{j_0}'$ ... Molanteile des reduzierten Grenzflächengemisches [kmol/kmol]
$\psi_{I_{0gl}}, \psi_{II_{0gl}} \cdots \psi_{j_{0gl}}$ .... Gleichgewichts-Molanteile des Grenzflächengemisches [kmol/kmol]
$\psi_{I_a}, \psi_{II_a}, \psi_{III_a} \cdots \psi_{j_a}$ ... Molanteile des Gemisches an der geometrischen Kontaktkörperoberfläche [kmol/kmol]

Wichtige Indizes

0 . . . . Phasengrenzfläche (Reaktionsort)
$1, 2, 3$ . . . . laufende Numerierung der Reaktorquerschnitte
I, II, III . . . . laufende Numerierung der Komponenten
A . . . . Austritt
a . . . . geometrische (äußere) Kontaktkörperoberfläche
B . . . . Kontaktkörperbett
d . . . . Dampf, dampfförmig
E . . . . Eintritt
eff . . . . effektive Größe
f . . . . Feststoff (Flüssigkeit), fest (flüssig)
g . . . . gasförmig
gl . . . . chemisches Gleichgewicht
j . . . . beliebige Komponente
k . . . . Kühlmittel, Kühlmittelseite
korr . . . . korrigierte Größe
m, n . . . . zwei aufeinanderfolgende Reaktorquerschnitte
N . . . . Inertgas
P . . . . Pore, Porengefüge
u . . . . Umgebung, Umgebungsseite
w . . . . Wand, Wandseite
μ . . . . Bezugskomponente des Gemisches
$'$ . . . . reduziertes Gemisch (vollkommene Rückreaktion)
$''$ . . . . Gemisch bei vollkommener Abreaktion
$*$ . . . . fiktiver Gemischzustand (auf Quellskalen)
$**$ . . . . Hilfsgröße für Neigungsskalen

1. Einführung

Die Entwicklung von Reaktionsapparaten der chemischen Industrie beruht noch heute vornehmlich auf dem Experiment. Dabei werden im Forschungslaboratorium grundsätzlich geklärte Prozesse durch schrittweise Vergrößerung der Apparaturen in den technischen Maßstab erhoben. Der außerordentlich schnelle Fortschritt auf dem Gebiete der Chemie verlangt jedoch nach immer kürzeren Anlaufzeiten für die Großproduktion von Laboratoriumserzeugnissen. Dieser Forderung kann u. a. dadurch entsprochen werden, daß die langwierige und kostspielige experimentelle Entwicklungsarbeit über halbtechnische Zwischenstufen weitgehend ersetzt wird durch die Vorausberechnung des Prozeßablaufs im großtechnischen Reaktor.

Die Vielfalt der sich im Reaktor gleichzeitig abspielenden und gegenseitig beeinflussenden Vorgänge macht die Vorausberechnung sehr schwierig. Das gilt besonders für die meist unter starkem Wärmeumsatz ablaufenden Kontaktprozesse, wo die eigentliche chemische Reaktion mit Wärme- und Stofftransportvorgängen gekoppelt ist.

Die analytische Behandlung des Reaktionsablaufes führt hier nur für einfache Sonderfälle zu Lösungen. Diese sind zwar für unter Laboratoriumsbedingungen durchgeführte Untersuchungen sehr wertvoll, auf den komplizierten Mechanismus im technischen Reaktor lassen sie sich aber gewöhnlich nicht anwenden. Numerische Rechenverfahren wiederum erfordern einen sehr großen Aufwand, da in den ihnen zugrunde liegenden Gleichungssystemen eine Reihe von Größen zunächst noch unbekannt ist und diese erst mühsam durch iterative Rechenoperationen ermittelt werden müssen.

Der Rechenaufwand kann wesentlich herabgesetzt werden, wenn man die Zustandsänderungen im Reaktor mit Hilfe von Enthalpie/Zusammensetzungs-Diagrammen verfolgt. In diesen Diagrammen lassen sich die zu Wärme- und Stoffbilanzen zusammengefaßten Gesetzmäßigkeiten der Elementarvorgänge im Reaktor bildlich darstellen und dienen als Grundlage für die Konstruktion der Zustandskurve des reagierenden Gemisches. Reaktionsbedingte Änderungen der physikalischen und chemischen Daten der beteiligten Stoffe können dabei berücksichtigt werden.

Die außerordentlich vorteilhaften Anwendungsmöglichkeiten von Enthalpie/Zusammensetzungs-Diagrammen für chemische Reaktionen hat erstmals Bošnjaković gezeigt [*1, 2, 3*]. Er setzt in seinen grundlegenden Abhandlungen über stationäre Kontaktprozesse voraus, daß sich an der Oberfläche des Kontaktstoffes das chemische Gleichgewicht einstellt. Diese Voraussetzung wird von sehr schnell verlaufenden Kontaktreaktionen erfüllt, für die allein Transportvorgänge der Reaktanten geschwindigkeitsbestimmend sind.

Viele technisch bedeutende Kontaktreaktionen laufen jedoch in Temperaturbereichen ab, wo neben den Stofftransportwiderständen in starkem, oft überwiegendem Maße rein chemische Umsatzhemmungen den zeitlichen Ablauf der Reaktion bestimmen. Der Zustand des an der Kontaktstoffoberfläche anliegenden Reaktionsgemisches muß dann merklich vom chemischen Gleichgewicht abweichen.

Auf die grundsätzliche Möglichkeit, auch solche Vorgänge mit Enthalpie/Zusammensetzungs-Diagrammen behandeln zu können, wurde von Bošnjaković in Erwiderung auf eine Kritik [*4*] hingewiesen. Wie schon angekündigt, soll hier ein graphisches Verfahren entwickelt werden, das die chemische Reaktionskinetik berücksichtigt und für stationäre Kontaktprozesse allgemein gilt.

Hinsichtlich Form und Struktur des Kontaktstoffes, sowie der Art seiner Beteiligung an der Reaktion, werden keine Einschränkungen gemacht; er mag kompakt oder porös, echter Katalysator oder katalytisch wirksamer Reaktant sein.

Es werden jedoch nur Kontaktreaktionen untersucht, an denen jeweils mindestens zwei gasförmige Komponenten beteiligt sind. Weitere Stoffe können auch fest oder flüssig sein. Unter den Gasen wiederum muß sich mindestens ein Reaktant befinden; die restlichen Gase seien entweder ebenfalls Reaktanten, oder aber Inertstoffe.

Zunächst werden reine Gasreaktionen behandelt. Später folgen dann Reaktionen zwischen Gasen und festen oder flüssigen Stoffen.

2. Reine Gasreaktionen

2.1 Reaktionsgemisch

2.11 Mengen und Mengenanteile der Komponenten eines reagierenden Gemisches

Ein Gasgemisch, bestehend aus den Reaktanten A_I; A_{II}; A_{III}; $A_{IV} \ldots$ und den Inertgasen A_{N_I}; $A_{N_{II}} \ldots$ reagiere nach der Gleichung

$$n_I A_I + n_{II} A_{II} + \cdots = n_{III} A_{III} + n_{IV} A_{IV} + \cdots \tag{1}$$

Auf der linken Seite der Reaktionsgleichung stehen die Reaktionspartner (verschwindende Stoffe), auf der rechten Seite die Reaktionsprodukte (entstehende Stoffe).

Die Reaktionszahlen der Reaktionspartner sind negativ

$$n_\mathrm{I} < 0; \qquad n_\mathrm{II} < 0,$$

die Reaktionszahlen der Reaktionsprodukte positiv

$$n_\mathrm{III} > 0; \qquad n_\mathrm{IV} > 0.$$

Die Reaktionszahlen der an der chemischen Umwandlung nicht beteiligten Inertgase haben den Zahlenwert Null.

$$n_{N_\mathrm{I}} = n_{N_\mathrm{II}} = \cdots = 0.$$

Inertgase brauchen daher in der Reaktionsgleichung nicht aufgeführt zu werden. Die Gesamtmenge des laufend abreagierenden Gemisches sei M [kmol]. Sie wird gebildet aus der Summe der Einzelmengen aller Gemischkomponenten:

$$M = M_\mathrm{I} + M_\mathrm{II} + M_\mathrm{III} + M_\mathrm{IV} + \cdots + M_{N_\mathrm{I}} + M_{N_\mathrm{II}} + \cdots = \Sigma\, M_j. \qquad (2)$$

Die Zusammensetzung des Gemisches werde durch die Molanteile der Komponenten

$$\psi_j = \frac{M_j}{M} = \frac{M_j}{\Sigma\, M_j} \qquad (3)$$

angegeben. Für deren Summe gilt:

$$\psi_\mathrm{I} + \psi_\mathrm{II} + \psi_\mathrm{III} + \psi_\mathrm{IV} + \cdots + \psi_{N_\mathrm{I}} + \psi_{N_\mathrm{II}} + \cdots = \Sigma\, \psi_j = 1. \qquad (4)$$

Durch die Reaktion werden die Reaktionspartner unter Bildung von Reaktionsprodukten aufgezehrt, und die Gemischzusammensetzung verschiebt sich stetig.

In einem unendlich kleinen Zeitabschnitt ändert sich die Menge jeder Komponente A_j um dM_j [kmol]. Als Summe der Mengenänderungen aller Komponenten folgt die Mengenänderung des Gesamtgemisches

$$dM = dM_\mathrm{I} + dM_\mathrm{II} + dM_\mathrm{III} + dM_\mathrm{IV} + \cdots = \Sigma\, dM_j. \qquad (5)$$

Die im Gemisch vorhandenen Inertgase erfahren zwar keine Mengenänderung,

$$M_{N_j} = \text{const}, \qquad dM_{N_j} = 0,$$

wohl aber ändern sich deren Molanteile,

$$\psi_{N_j} \neq \text{const},$$

sofern sich die Molzahl des Gesamtgemisches durch die Reaktion ändert. Nur bei volumenbeständigen Reaktionen ($\Sigma\, n_j = 0$) bleiben auch die Molanteile der Inertgase konstant.

Die Reaktanten werden quantitativ nach der Vorschrift der Reaktionsgleichung umgewandelt. Greift man aus dem reagierenden Gemisch zwei beliebige Komponenten A_μ und A_j heraus — es können auch Inertgase sein — so müssen sich deren infinitesimale Mengenänderungen zueinander verhalten wie ihre zugehörigen Reaktionszahlen:

$$\frac{dM_\mu}{dM_j} = \frac{n_\mu}{n_j}\,. \tag{6}$$

Dann muß auch für die infinitesimale Mengenänderung des Gesamtgemisches gelten:

$$\frac{dM}{dM_\mu} = \frac{\Sigma\, dM_j}{dM_\mu} = \frac{\Sigma\, n_j}{n_\mu}\,. \tag{7}$$

Um die endliche Mengen- und Zusammensetzungsänderung des Gemisches zu erfassen, betrachten wir die Reaktion zu zwei verschiedenen Zeitpunkten. Zum Zeitpunkt a sei die Gesamtmenge des Gemisches

$$^aM = \Sigma\, ^aM_j \quad [\text{kmol}]$$

und habe die Zusammensetzung

$$^a\psi_\mathrm{I};\; ^a\psi_\mathrm{II};\; ^a\psi_\mathrm{III} \ldots ^a\psi_j \ldots$$

Zu einem späteren Zeitpunkt b soll die Gemischmenge auf ^bM [kmol] angewachsen sein und die Zusammensetzung $^b\psi_\mathrm{I};\; ^b\psi_\mathrm{II};\; ^b\psi_\mathrm{III} \ldots ^b\psi_j \ldots$ aufweisen.

Zwischen den Gemischmengen ^aM und ^bM besteht der mathematische Zusammenhang:

$$^bM = {}^aM + \int\limits_a^b dM\,.$$

Drückt man dM durch die infinitesimale Mengenänderung dM_μ der Komponente A_μ aus, so folgt:

$$^bM = {}^aM + \frac{\Sigma\, n_j}{n_\mu}\int\limits_a^b dM_\mu = {}^aM + \frac{\Sigma\, n_j}{n_\mu}\left(^bM_\mu - {}^aM_\mu\right)\,. \tag{8}$$

Durch einige Umformungen erhält man das Gesamtmengenverhältnis

$$\frac{^bM}{^aM} = \frac{\dfrac{n_\mu}{\Sigma\, n_j} - {}^a\psi_\mu}{\dfrac{n_\mu}{\Sigma\, n_j} - {}^b\psi_\mu}\,, \tag{9}$$

wobei die Molanteile $^a\psi_\mu = \dfrac{^aM_\mu}{^aM}$ und $^b\psi_\mu = \dfrac{^bM_\mu}{^bM}$ eingeführt wurden.

A_μ kann jede beliebige Komponente des Gemisches sein. Das bedeutet aber, daß zwischen zwei willkürlich herausgegriffenen Molanteilen ψ_μ und ψ_j des laufenden Gemisches die Beziehung bestehen muß:

$$\frac{\dfrac{n_\mu}{\Sigma\, n_j} - {}^a\psi_\mu}{\dfrac{n_\mu}{\Sigma\, n_j} - {}^b\psi_\mu} = \frac{\dfrac{n_j}{\Sigma\, n_j} - {}^a\psi_j}{\dfrac{n_j}{\Sigma\, n_j} - {}^b\psi_j}\,. \tag{10}$$

Aus dieser Beziehung läßt sich ablesen, daß die Zusammensetzung des laufenden Gemisches durch Angabe des Molanteils einer einzigen Komponente eindeutig beschrieben wird, sofern die vollständige Gemischzusammensetzung für einen bestimmten Zeitpunkt der Reaktion bekannt ist. Auf dieser Erkenntnis fußen die in den nächsten Abschnitten beschriebenen Enthalpie/Zusammensetzungs-Diagramme für chemische Reaktionen.

2.12 Reduziertes Gemisch

Das im Reaktor anzutreffende Gemisch besteht im allgemeinen aus Reaktionspartnern, Reaktionsprodukten und Inertgasen und ändert laufend seine Zusammensetzung. Es gilt nun, charakteristische Angaben über die Zusammensetzung des Gemisches zu vereinbaren, die vom Grad der Abreaktion unabhängig sind. Dabei läge es nahe, das Gemisch durch die Zusammensetzung am Reaktoreintritt, also zu Beginn der Reaktion zu kennzeichnen. Diese Angabe ist jedoch nur dann vorteilhaft, wenn das angesetzte Gemisch nur Reaktionspartner und eventuell neutrale Komponenten enthält. In Reaktoranlagen mit teilweisem Gemischkreislauf, oder Stufenreaktoren mit Kaltgaszumischung, wird das Eintrittsgemisch aber bereits Produkte enthalten. Im allgemeinsten Fall kann zu Beginn der Reaktion ein Gemisch aus mehreren Reaktionspartnern und mehreren Reaktionsprodukten vorliegen, die zueinander nicht im stöchiometrischen Mengenverhältnis stehen. Ferner können Stofftransportvorgänge im Reaktor die Gemischzusammensetzung örtlich so verändern, daß keine Beziehung mehr zum Eintrittsgemisch besteht.

Zu einer einfacheren Kennzeichnung gelangt man dann, wenn man das angesetzte oder gerade untersuchte Gemisch gedanklich so weit zurückreagieren läßt, bis die Reaktion dadurch zum Stillstand kommt, daß eines der Reaktionsprodukte vollkommen in Reaktionspartner zerfallen ist.

Die Zahl der Gemischkomponenten vermindert sich dadurch mindestens um eins. Das Gemisch soll in diesem Zustand als reduziertes Gemisch und seine Zusammensetzung auch als reduzierte Zusammensetzung bezeichnet werden.

Die besonderen Vorteile beim Rechnen mit dieser charakteristischen Zusammensetzung werden sich beim Aufstellen von i, ψ-Diagrammen und bei der Untersuchung komplizierter Reaktionsabläufe noch deutlich zeigen.

Für den Zusammenhang zwischen den Molanteilen des laufenden Gemisches ψ_j und denen des reduzierten Gemisches ψ_j' gilt analog Gl. (10):

$$\frac{\dfrac{n_\mu}{\sum n_j} - \psi_\mu}{\dfrac{n_\mu}{\sum n_j} - \psi_\mu'} = \frac{\dfrac{n_j}{\sum n_j} - \psi_j}{\dfrac{n_j}{\sum n_j} - \psi_j'}. \qquad (11)$$

Beispiel: Ein Gemisch mit der Ausgangszusammensetzung

$$\psi_{CO} = 0{,}25; \qquad \psi_{H_2} = 0{,}60; \qquad \psi_{CH_4} = 0{,}05; \qquad \psi_{H_2O} = 0{,}10$$

reagiere nach der Gleichung

$$CO + 3\,H_2 = CH_4 + H_2O.$$

Die Reaktionszahlen haben demnach die Werte:

$$n_{CO} = -1; \qquad n_{H_2} = -3; \qquad n_{CH_4} = 1; \qquad n_{H_2O} = 1; \qquad \sum n_j = -2.$$

Wegen
$$\frac{\psi_{CH_4}}{\psi_{H_2O}} < \frac{n_{CH_4}}{n_{H_2O}}$$

ist Methan gegenüber Wasserdampf im Unterschuß vorhanden und tritt im reduzierten Gemisch nicht auf.

$$\psi'_{CH_4} = 0.$$

Der Molanteil des H_2O im reduzierten Gemisch berechnet sich aus der Gleichung

$$\frac{\dfrac{n_{H_2O}}{\sum n_j} - \psi_{H_2O}}{\dfrac{n_{H_2O}}{\sum n_j} - \psi'_{H_2O}} = \frac{\dfrac{n_{CH_4}}{\sum n_j} - \psi_{CH_4}}{\dfrac{n_{CH_4}}{\sum n_j} - \psi'_{CH_4}}.$$

Setzt man Zahlenwerte ein, so folgt:

$$\psi'_{H_2O} = 0{,}045.$$

Analog ergibt sich für die Molanteile der restlichen Komponenten:

$$\psi'_{CO} = 0{,}273; \qquad \psi'_{H_2} = 0{,}682.$$

2.13 Spezifische Enthalpie des reagierenden Gemisches

Sieht man von der bei Gasgemischen stets vernachlässigbar kleinen Mischungswärme ab, so gilt für die spezifische Enthalpie i [kcal/kmol] eines reagierenden Gemisches:

$$\left.\begin{aligned} i &= \psi_I\, i_I + \psi_{II}\, i_{II} + \psi_{III}\, i_{III} + \cdots + \psi_{N_I}\, i_{N_I} + \psi_{N_{II}}\, i_{N_{II}} + \cdots \\ &= \sum \psi_j\, i_j \quad \left[\frac{kcal}{kmol}\right]. \end{aligned}\right\} \qquad (12)$$

Dabei ist zu beachten, daß, abweichend von rein physikalischen Gemischen, die Enthalpienullpunkte der Gemischkomponenten nur bedingt frei wählbar sind. In jedem Fall muß die Beziehung

$$\sum n_j\, i_j + q = 0 \qquad (13)$$

erfüllt sein.

$\sum n_j\, i_j$ [kcal/kmol] Reaktionsenthalpie,
q [kcal/kmol] Wärmetönung der Reaktion.

Bei einer Reaktion mit z Reaktanten können demnach die Enthalpienullpunkte von $z - 1$ Reaktanten willkürlich angenommen werden; der

Enthalpienullpunkt eines Reaktanten liegt jedoch durch die obige Bedingung fest.

Gl. (12) enthält die Molanteile aller Gemischkomponenten. Diese Molanteile können nach Gl. (11) durch den Molanteil ψ_μ einer einzigen Komponente des laufenden Gemisches und die Molanteile ψ_j' des reduzierten Gemisches ausgedrückt werden. Es folgt:

$$i = \frac{\sum n_j\, i_j}{\sum n_j} - \frac{\dfrac{n_\mu}{\sum n_j} - \psi_\mu}{\dfrac{n_\mu}{\sum n_j} - \psi_\mu'} \left[\frac{\sum n_j\, i_j}{\sum n_j} - \sum \psi_j'\, i_j \right] \quad \left[\frac{\mathrm{kcal}}{\mathrm{kmol}} \right]. \tag{14}$$

Für Reaktionen, die unter konstantem Druck ablaufen, sind die spezifischen Enthalpien i_j der Gemischkomponenten nur temperaturabhängig. Die spezifische Enthalpie des reagierenden Gemisches ist dann lediglich eine Funktion seiner Temperatur und des Molanteiles einer Komponente.

$$i = f(t, \psi_\mu).$$

An Stelle der Zusammensetzung des reduzierten Gemisches kann auch jede andere bekannte Zusammensetzung des Gemisches in Gl. (14) eingeführt werden.

2.14 Chemisches Gleichgewicht des Gemisches

Eine Reaktion kann nur so lange voranschreiten, bis sich im betrachteten System das chemische Gleichgewicht einstellt. Die Gleichgewichtszusammensetzung wird durch das Massenwirkungsgesetz beschrieben. Für Gasreaktionen schreibt man es in der Form:

$$K_P = P_{\mathrm{I}_{gl}}^{n_\mathrm{I}} \cdot P_{\mathrm{II}_{gl}}^{n_\mathrm{II}} \cdot P_{\mathrm{III}_{gl}}^{n_\mathrm{III}} \cdots = \Pi\, P_{j_{gl}}^{n_j}. \tag{15}$$

Es bedeuten $P_{\mathrm{I}_{gl}}$, $P_{\mathrm{II}_{gl}}$, $P_{\mathrm{III}_{gl}} \cdots P_{j_{gl}} \cdots$ die Teildrucke der Gemischkomponenten im Gleichgewichtsfalle.

Die Gleichgewichtskonstante K_p ist für ideale Gase eine reine Temperaturfunktion,

$$K_{p_{\mathrm{ideal}}} = f(T),$$

und eignet sich daher vorzüglich zum Tabellieren. Ihr Zahlenwert hängt jedoch von der Wahl der Druckeinheit ab.

Auf Rechnungen mit Molmengen läßt sich das mit Raumanteilen des Gleichgewichtsgemisches geschriebene Massenwirkungsgesetz bequemer anwenden:

$$K_{\mathfrak{r}} = \mathfrak{r}_{\mathrm{I}_{gl}}^{n_\mathrm{I}} \cdot \mathfrak{r}_{\mathrm{II}_{gl}}^{n_\mathrm{II}} \cdot \mathfrak{r}_{\mathrm{III}_{gl}}^{n_\mathrm{III}} \cdots = \Pi\, \mathfrak{r}_{j_{gl}}^{n_j}. \tag{16}$$

Die Gleichgewichtskonstante $K_{\mathfrak{r}}$ ist dimensionslos. Sie hängt zwar neben der Temperatur noch vom Gesamtdruck P ab, was jedoch, besonders bei den hier behandelten isobaren Systemen, keine spürbaren Nachteile bringt.

$$K_{\mathrm{r}_{\text{ideal}}} = f(T, P).$$

Zwischen $K_{\mathrm{r}_{\text{ideal}}}$ und $K_{p_{\text{ideal}}}$ besteht die Beziehung:

$$K_{\mathrm{r}_{\text{ideal}}} = \frac{K_{p_{\text{ideal}}}}{P^{\Sigma n_j}}. \tag{17}$$

Drückt man die Raumanteile $\mathrm{r}_{j_{gl}}$ in Gl. (16), die ja identisch sind den entsprechenden Molanteilen $\psi_{j_{gl}}$, mit Hilfe von Gl. (11) durch die Molanteile ψ'_j des reduzierten Gemisches und die Gleichgewichtsanteile $\psi_{\mu_{gl}}$ einer bestimmten Gemischkomponente aus, so folgt:

$$K_{\mathrm{r}} = \Pi \left[\frac{n_j}{\Sigma\, n_j} - \frac{\dfrac{n_j}{\Sigma\, n_j} - \psi'_j}{\dfrac{n_\mu}{\Sigma\, n_\mu} - \psi'_\mu} \left(\frac{n_\mu}{\Sigma\, n_j} - \psi_{\mu_{gl}} \right) \right]^{n_j}. \tag{18}$$

Für die Reaktion in einem Gemisch mit bestimmter reduzierter Zusammensetzung ist K_{r} lediglich eine Funktion eines Gleichgewichtsanteiles $\psi_{\mu_{gl}}$.

Je nach dem Temperatur- und Druckbereich, in dem eine Reaktion abläuft, kann der Zahlenwert der Gleichgewichtskonstante um mehrere Zehnerpotenzen schwanken. Es empfiehlt sich daher, mit dem Logarithmus

$$\ln K_{\mathrm{r}} = \Sigma \left[n_j \cdot \ln \left| \frac{n_j}{\Sigma\, n_j} - \frac{\dfrac{n_j}{\Sigma\, n_j} - \psi'_j}{\dfrac{n_\mu}{\Sigma\, n_j} - \psi'_\mu} \left(\frac{n_\mu}{\Sigma\, n_j} - \psi_{\mu_{gl}} \right) \right| \right] \tag{19}$$

zu rechnen.

Die beiden vorstehenden Gleichungen lassen sich nur in Sonderfällen explizit nach $\psi_{\mu_{gl}}$ auflösen. Die Gleichgewichtszusammensetzung im Reaktionsgemisch muß demnach bei vorgegebenen Werten für Druck und Temperatur, und somit vorgegebener Gleichgewichtskonstante, normalerweise iterativ berechnet werden.

Interessieren jedoch die Gleichgewichtsverhältnisse einer Reaktion für einen größeren Temperatur- und Druckbereich, so ist es einfacher, die Gleichgewichtskonstante K_{r} als Funktion des Gleichgewichtsanteils $\psi_{\mu_{gl}}$ zu berechnen und graphisch darzustellen. Jede so erhaltene Kurve $\ln K_{\mathrm{r}} = f(\psi_{\mu_{gl}})$ gilt für eine bestimmte Zusammensetzung des reduzierten Gemisches. Ebenso kann die Gleichgewichtskonstante K_{r} als Funktion der Temperatur, mit dem Gesamtdruck P als Parameter, abgebildet werden.

Überlagert man die beiden Darstellungen $\ln K_{\mathrm{r}} = f(\psi_{g^l},\ \psi'_j)$ und $\ln K_{\mathrm{r}} = f(T, P)$ derart, daß sie die Gleichgewichtskonstante $\ln K_{\mathrm{r}}$ als gemeinsame Koordinate haben, so erhält man ein Gleichgewichtsdiagramm nach Abb. 1. Aus diesem Diagramm können alle gewünschten Daten mühelos entnommen werden. Das sei an den eingetragenen Beispielen demonstriert:

Im *Beispiel I* war die Reaktionstemperatur $T = 770\,^\circ$K. und der Gesamtdruck $P = 1$ Atm. eines Gemisches mit einer reduzierten Zusammensetzung $\psi'_I = 0{,}3$ vorgegeben. — Es ist hier der häufig vorliegende

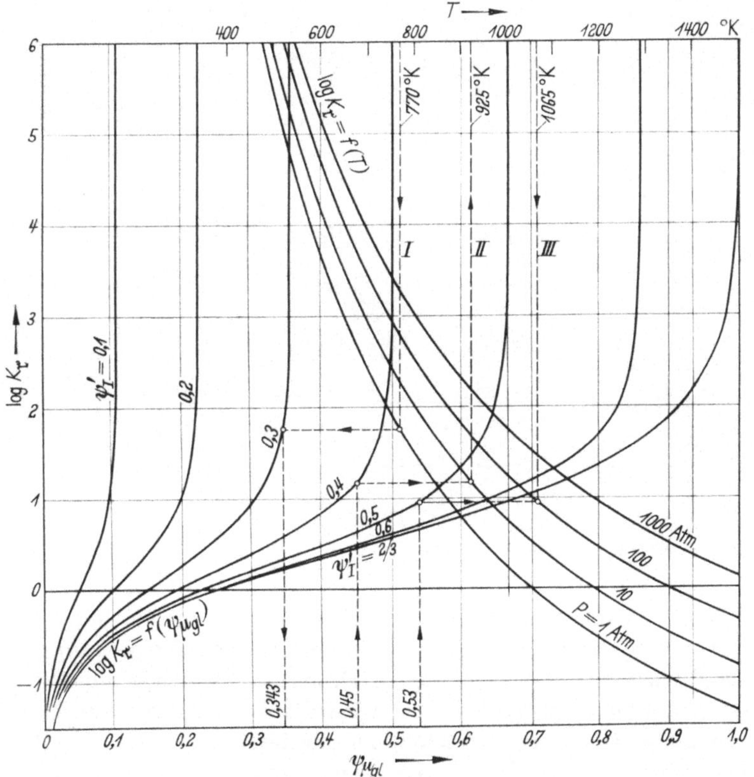

Abb. 1. Gleichgewichtsdiagramm

Fall angenommen worden, daß das reduzierte Gemisch nur zwei Komponenten enthält und seine Zusammensetzung durch ψ'_I eindeutig beschrieben wird. — Gefragt wurde nach der Gleichgewichtszusammensetzung. Der durch Pfeile markierte Linienzug gibt den Lösungsweg an: Der Gleichgewichtsmolanteil der Bezugskomponente des Gemisches beträgt $\psi_{\mu_{gl}} = 0{,}343$.

Beispiel II zeigt, wie hoch die Reaktionstemperatur zu wählen ist, wenn ein Gemisch mit der reduzierten Zusammensetzung $\psi'_I = 0{,}4$ unter einem Druck von $P = 10$ Atm. bis zu einem bestimmten Gleichgewichtsmolanteil $\psi_{\mu_{gl}} = 0,45$ abreagieren soll. Ergebnis: $T = 925$ °K.

Im *Beispiel III* wiederum ist die Temperatur $T = 1065$ °K, der Gleichgewichtsmolanteil $\psi_{\mu_{gl}} = 0,53$ und die Zusammensetzung $\psi'_{\mathrm{I}} = 0,5$ des reduzierten Gemisches vorgegeben und nach dem erforderlichen Druck gefragt. Ergebnis: $P = 100$ Atm.

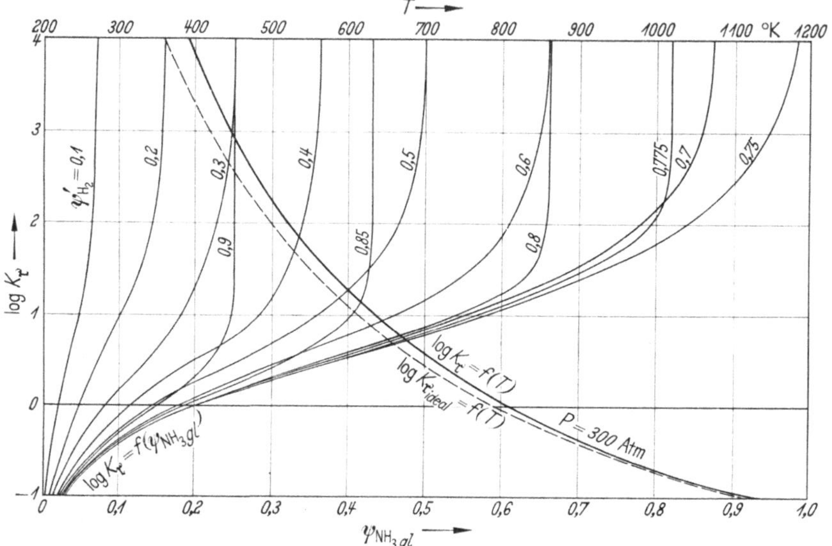

Abb. 2. Gleichgewichtsdiagramm für die NH$_3$-Synthese $\frac{3}{2}$ H$_2$ + $\frac{1}{2}$ N$_2$ = NH$_3$, $P = 300$ Atm.

Schließlich könnte man noch T, P und $\psi_{\mu_{gl}}$ vorgeben und die Zusammensetzung ermitteln, mit der das Gemisch angesetzt werden müßte.

Bei Reaktionen, die unter hohen Drucken ablaufen, muß das reale Verhalten der Gase berücksichtigt werden. Die Gleichgewichtszusammensetzung realer Gemische kann aus den Beziehungen (18) und (19) berechnet werden, wenn für die Gleichgewichtskonstante K_r eingesetzt wird:

$$K_r = \frac{K_{r_{ideal}}}{\Pi f_j^{n_j}} = f(T, P), \tag{20}$$

$$\Pi f_j^{n_j} = f_{\mathrm{I}}^{n_{\mathrm{I}}} \cdot f_{\mathrm{II}}^{n_{\mathrm{II}}} \cdot f_{\mathrm{III}}^{n_{\mathrm{III}}} \ldots \tag{21}$$

f_j Fugazitätskoeffizienten.

Für niedrige Gesamtdrucke ist $f_{\mathrm{I}} \approx f_{\mathrm{II}} \approx f_{\mathrm{III}} \ldots \approx 1$ und $K_r \approx K_{r_{ideal}}$.

Das Gleichgewichtsdiagramm der NH$_3$-Synthese für einen Druck von $P = 300$ Atm. zeigt Abb. 2. Das Diagramm gilt für alle denkbaren Zusammensetzungen H_2/N_2 des reduzierten Gemisches. Das reale Verhalten der Gase wurde berücksichtigt. Gegenüber dem idealen Verhalten (gestrichelt eingezeichnete Kurve $K_{r_{ideal}} = f(T)$) ergaben sich merkliche Abweichungen.

2.2 *i, ψ*-Diagramm für reine Gasreaktionen

Trägt man die spezifische Enthalpie i [kcal/kmol] eines reagierenden Gemisches über dem Molanteil ψ_μ [kmol/kmol] einer seiner Komponenten auf, und verbindet man Orte gleicher Temperatur zu Isothermen, Orte chemischen Gleichgewichtes zur Gleichgewichtslinie, so erhält man ein Diagramm, in dem sich alle durch die Reaktion erreichbaren Gemischzustände übersichtlich abbilden lassen. Daneben erscheinen in dem gewählten Koordinatensystem die Stoff- und Wärmebilanzen der Reaktion als Summen von Abszissen- und Ordinatenabschnitten. Schließlich können die Gleichungssysteme für den gesamten Reaktionsvorgang — im einzelnen die Beziehungen für den Stofftransport und den chemischen Umsatz — graphisch dargestellt werden.

Als Abszisse des Diagrammes kann man nach den Ausführungen in Abschn. 1.1 grundsätzlich den Molanteil jedes beliebigen Reaktanten — bei volumenändernden Reaktionen sogar den eines Inertgases — wählen. Da jedoch mit dem Diagramm auch der zeitliche Ablauf der Reaktion untersucht werden soll, ist es zweckmäßig, denjenigen Reaktionsteilnehmer zu bevorzugen, der die Geschwindigkeit der chemischen Reaktion — allein oder vorwiegend — bestimmt.

Im Normalfall wird das *i, ψ*-Diagramm für eine bestimmte Zusammensetzung des reduzierten Gemisches gezeichnet und enthält dann Isothermen ($t = $ const), Reaktionsadiabaten ($I = M\,i = $ const) und Linien chemischen Gleichgewichts als Parameter.

Es lassen sich jedoch auch erweiterte *i, ψ*-Diagramme entwerfen, die für alle möglichen Zusammensetzungen des reduzierten Gemisches gelten. Darüber wird später in Abschn. 2.3 berichtet.

2.21 Isothermennetz des *i, ψ*-Diagrammes

Die Form und Lage der Isothermen im *i, ψ*-Diagramm folgt aus der Analyse der Gl. (14). Differenziert man diese Gleichung partiell nach ψ_μ, so erhält man eine Beziehung für die Neigung der Isothermen:

$$\left(\frac{\partial i}{\partial \psi_\mu}\right)_{t\,=\,\mathrm{const}} = \frac{\dfrac{\Sigma\, n_j\, i_j}{\Sigma\, n_j} - \Sigma\, \psi_j'\, i_j}{\dfrac{n_\mu}{\Sigma\, n_j} - \psi_\mu'}\,. \tag{22}$$

Da der Neigungsquotient vom Molanteil ψ_μ der Bezugskomponente unabhängig ist, müssen alle Isothermen des Diagrammes Geraden sein.

Die Produktensumme

$$\sum \psi_j' \, i_j = i' \quad [\text{kcal/kmol}] \tag{23}$$

bedeutet nichts anderes als die spezifische Enthalpie des reduzierten Gemisches bei der Bezugstemperatur t. i' und ψ_μ' sind demnach kohärente Größen, die im i,ψ-Diagramm einen Zustandspunkt auf der Isothermen $t = \text{const}$ liefern.

Der Ausdruck

$$\frac{\sum n_j \, i_j}{\sum n_j} = i^* \quad [\text{kcal/kmol}] \tag{24}$$

hat die Dimension einer spezifischen Gemischenthalpie und stellt die auf die Mengenänderung von einem kmol bezogene Reaktionsenthalpie dar. Als Gemischenthalpie hat i^* jedoch keine reale Bedeutung. Sie wäre nur für den Fall reproduzierbar, daß das Gemisch bis in eine Zusammensetzung

$$\psi_\text{I}^* = \frac{n_\text{I}}{\sum n_j} \; ; \quad \psi_\text{II}^* = \frac{n_\text{II}}{\sum n_j} \; ; \quad \psi_\text{III}^* = \frac{n_\text{III}}{\sum n_j} \; ; \; \ldots \; \psi_\mu^* = \frac{n_\mu}{\sum n_j} \; \cdots \tag{25}$$

abreagieren könnte. Das ist nur in Sonderfällen praktisch möglich. Im allgemeinen müßten bei dieser Zusammensetzung die Molanteile der einzelnen Gemischkomponenten teils negativ, teils größer als eins werden[1].

Im i,ψ-Diagramm läßt sich jedoch i^* als fiktive Gemischenthalpie auf der außerhalb des realen Diagrammfeldes liegenden Ordinate $\psi_\mu = \psi_\mu^* = n_\mu/\sum n_j$ abbilden. Das vereinfacht nicht nur das Entwerfen von i,ψ-Diagrammen; es ermöglicht auch sehr elegante Lösungen für die Konstruktionen der Zustandskurven reagierender Gemische.

Mit den eingeführten Symbolen i', i^* und ψ_μ^* nehmen die Gln. (14) und (22) sehr anschauliche Formen an:

$$i = i^* - \frac{\psi_\mu^* - \psi_\mu}{\psi_\mu^* - \psi_\mu'} (i^* - i'), \tag{26}$$

$$\left(\frac{\partial i}{\partial \psi_\mu} \right)_{t = \text{const}} = \frac{i^* - i'}{\psi_\mu^* - \psi_\mu'} . \tag{27}$$

Die spezifischen Enthalpien i^* und i' sind bei der gleichen Temperatur t zu nehmen. Die Zustandspunkte (i^*, ψ_μ^*) und (i', ψ_μ') beschreiben im i,ψ-Diagramm eindeutig die Lage der Isothermen t.

Um das gesamte Isothermennetz des Diagrammes festzulegen, braucht man lediglich i^* und i' für die ausgezeichneten Temperaturen zu berechnen, auf den zugehörigen Ordinaten ψ_μ^* bzw. ψ_μ' abzutragen und die

---

[1] Wenn in dieser fiktiven Gemischzusammensetzung die Molanteile der Inertgase gar nicht mehr erscheinen ($\psi_N^* = n_N/\sum n_j = 0$, weil $n_N = 0$) so liegt das daran, daß die Molmengen der Reaktionsteilnehmer unendlich große Werte annehmen, während die unveränderlichen Molmengen der Inertgase endlich bleiben.

jeweils kohärenten Zustandspunkte (i^*, ψ_μ^*) und (i', ψ_μ') durch Geraden zu verbinden (Abb. 3).

Die fiktive Gemischenthalpie i^* wird nur mit den Reaktionszahlen und spezifischen Enthalpien der Reaktanten gebildet. Sie hängt nicht etwa davon ab, in welchem Mengenverhältnis die einzelnen Gemischkomponenten vor der Reaktion angesetzt werden und ob auch neutrale Gase im Gemisch anwesend sind. i^* ist daher für eine bestimmte Reaktion eine reine Temperaturfunktion (wie die Wärmetönung) und braucht

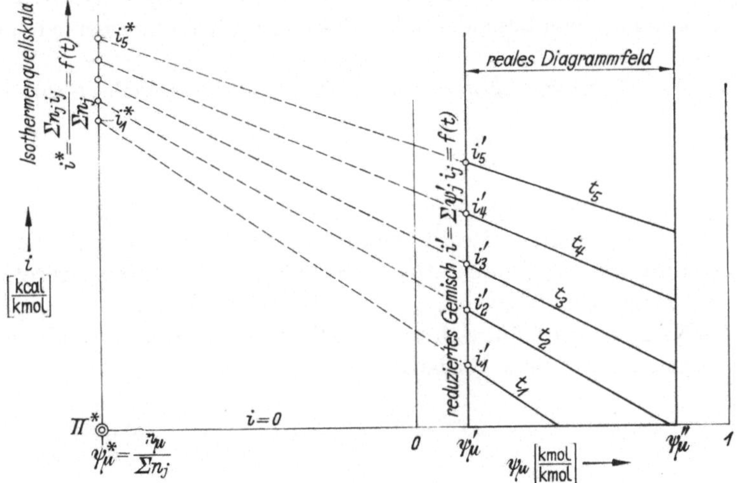

Abb. 3. Isothermennetz des i, ψ-Diagrammes

nur einmal berechnet zu werden. Bei einer Reihe reiner Gasreaktionen ist die Temperaturabhängigkeit von i^* so gering, daß in einem größeren Temperaturbereich mit für technische Zwecke genügender Genauigkeit $i^* \approx \mathrm{const}$ angenommen werden kann. Dann müssen die verlängerten Isothermen des i, ψ-Diagrammes auf der Ordinate $\psi_\mu^* = n_\mu/\Sigma n_j$ angenähert in einem Punkt zusammenlaufen, und es ist berechtigt, hier von einem Isothermenpol zu sprechen.

Bei allgemeinerer und sauberer Betrachtungsweise haben die Diagrammisothermen ihren Ursprung jedoch in einer auf der Ordinate ψ_μ^* liegenden Enthalpieskala $i^* = f(t)$. Diese Skala soll als Isothermenquellskala bezeichnet werden; um so besser, wenn sie gelegentlich zu einem Pol degeneriert.

Das reale Diagrammfeld des i, ψ-Diagrammes wird durch die Ordinaten ψ_μ' und ψ_μ'' begrenzt. Die Ordinate ψ_μ' charakterisiert die Gemischzustände bei weitestmöglicher Rückreaktion, also die des sog. reduzierten Gemisches. Demgegenüber beschreibt die Ordinate ψ_μ'' die Gemischzustände bei weitestmöglicher Vorreaktion (ohne Rücksicht auf das chemische Gleichgewicht). Die Vorreaktion erreicht diese Grenze, wenn einer der Reaktanten des Gemisches, und zwar der im Unterschuß vorhandene, durch die Reaktion völlig aufgezehrt ist. Die sich dabei einstellende Gemischzusammensetzung kann wieder nach Gl. (10) berechnet werden.

Für das Isothermennetz volumenbeständiger Reaktionen bleibt die Konstruktion nach Abb. 3 grundsätzlich gültig. Da jedoch wegen $\Sigma n_j = 0$ die Ausdrücke $\Sigma n_j i_j / \Sigma n_j$ und $n_\mu / \Sigma n_j$ gegen $\pm \infty$ gehen, läßt sich die Isothermenquellskala nicht mehr abbilden. Das Diagramm wird statt dessen mit einer besonderen Randskala für die Isothermenneigungen versehen.

Mit dem Grenzwert $\Sigma n_j = 0$ geht Gl. (22) in die einfache Form über:

$$\left(\frac{\partial i}{\partial \psi_\mu} \right)_{\substack{t = \text{const} \\ \Sigma n_j = 0}} = \frac{\Sigma n_j i_j}{n_\mu} . \tag{28}$$

Bei volumenbeständigen Reaktionen hängt die Neigung der Isothermen demnach nur von der Temperatur, nicht aber von der Zusammensetzung des reduzierten Gemisches ab.

Das Neigungsmaß läßt sich im i, ψ-Diagramm sehr einfach abbilden: Man trägt die spezifische Enthalpie

$$i^{**} = \frac{\Sigma n_j i_j}{n_\mu} = f(t) \tag{29}$$

auf der Ordinate $\psi_\mu = 1$ zu einer temperaturabhängigen Neigungsskala ab (Abb. 4) und markiert den zugehörigen Neigungspol 0^{**} als Schnittpunkt der Ordinate $\psi_\mu = 0$ mit der Skalenisenthalpe $i^{**} = 0$. Der Nullpunkt der Neigungsskala kann beliebig gelegt werden, d.h. die Höhenlage der Skalenisenthalpe $i^{**} = 0$ darf von der Höhenlage der Diagrammisenthalpe $i = 0$ abweichen. Jede Isotherme t muß parallel zur Verbindungsgeraden zwischen dem Pol 0^{**} und dem der betreffenden Temperatur zugeordneten Skalenpunkt $i^{**}(t)$ verlaufen.

Um die Lage der Isothermen im i, ψ-Diagramm zu erhalten, genügt es auch hier, die spezifische Enthalpie des reduzierten Gemisches $i' = \Sigma \psi'_j i_j$ für die ausgezeichneten Temperaturen zu berechnen und auf der Ordinate ψ'_μ abzutragen.

Für den Fall, daß die Reaktionsenthalpie $\Sigma n_j i_j$ temperaturunabhängig ist, schrumpft die Neigungsskala zu einem Punkt zusammen und alle Isothermen verlaufen parallel zueinander.

Wenn auch bei volumenbeständigen Reaktionen die Neigungen der Isothermen von der Zusammensetzung des reduzierten Gemisches unabhängig sind, so bedeutet das noch nicht, daß die Isothermennetze für alle reduzierten Zusammensetzungen übereinstimmen. Vielmehr hängt die

Lage der Isothermen noch von der spezifischen Enthalpie i' und damit von der Zusammensetzung des reduzierten Gemisches ab.

Jedes einfache, nur für eine bestimmte Zusammensetzung des reduzierten Gemisches gültige i, ψ-Diagramm erhält ein festes Isothermennetz. Die Quellskala bzw. Neigungsskala der Isothermen wird dann im

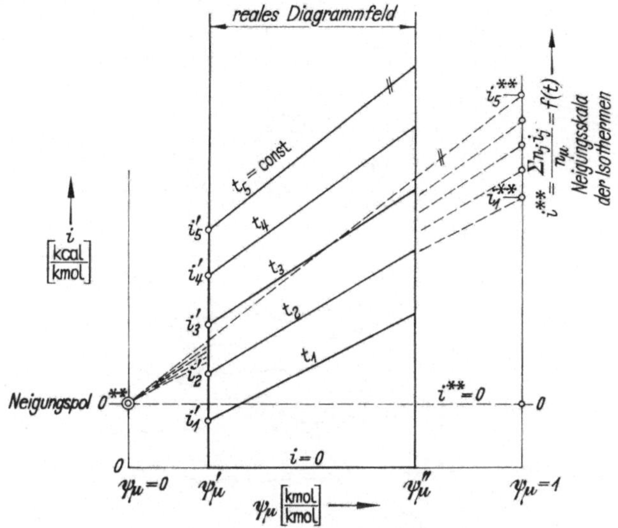

Abb. 4. Isothermennetz für volumenbeständige Reaktionen

allgemeinen nur zum Aufstellen des Diagrammes benötigt und kann anschließend fortgelassen werden. Größere Bedeutung gewinnen die Skalen jedoch für erweiterte i, ψ-Diagramme, die über kein festes Isothermennetz verfügen.

2.22 Adiabaten und Adiabatenpol

Reagiert ein Gemisch vollkommen adiabat, d. h. ohne Wärmeaustausch mit der Umgebung, so bleibt seine Gesamtenthalpie konstant.

$$I = M \cdot i = M' \cdot i' = \text{const}. \tag{30}$$

Zwangsläufig muß sich die spezifische Enthalpie i des Gemisches umgekehrt proportional der Gemischmenge ändern. Benutzt man für das Mengenverhältnis M'/M Gl. (9), so folgt für die spezifische Enthalpie bei adiabater Reaktion:

$$i_{I = \text{const}} = \frac{\dfrac{n_\mu}{\Sigma n_j} - \psi_\mu}{\dfrac{n_\mu}{\Sigma n_j} - \psi'_\mu} \cdot i'. \tag{31}$$

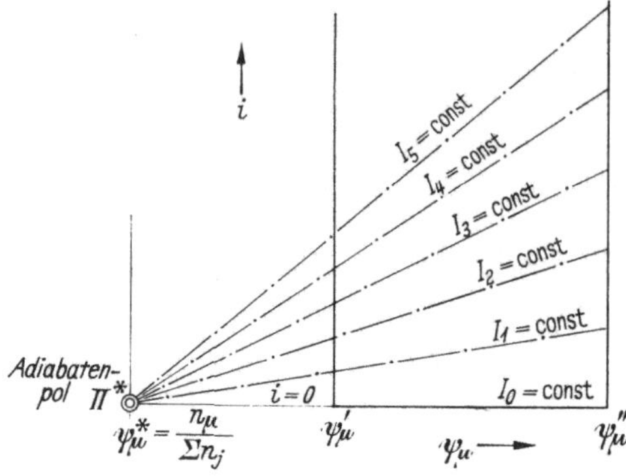

Abb. 5. Reaktionsadiabaten

Es ist unschwer einzusehen, daß alle Adiabaten des i, ψ-Diagrammes geradlinig verlaufen und sich in einem festen Punkt Π^* auf der fiktiven Ordinate $\psi_\mu = \psi_\mu^* = n_\mu / \Sigma n_j$ schneiden müssen, der durch die spezifische Isenthalpe $i = 0$ festgelegt ist (Abb. 5). Dieser Punkt Π^* soll als Adiabatenpol bezeichnet

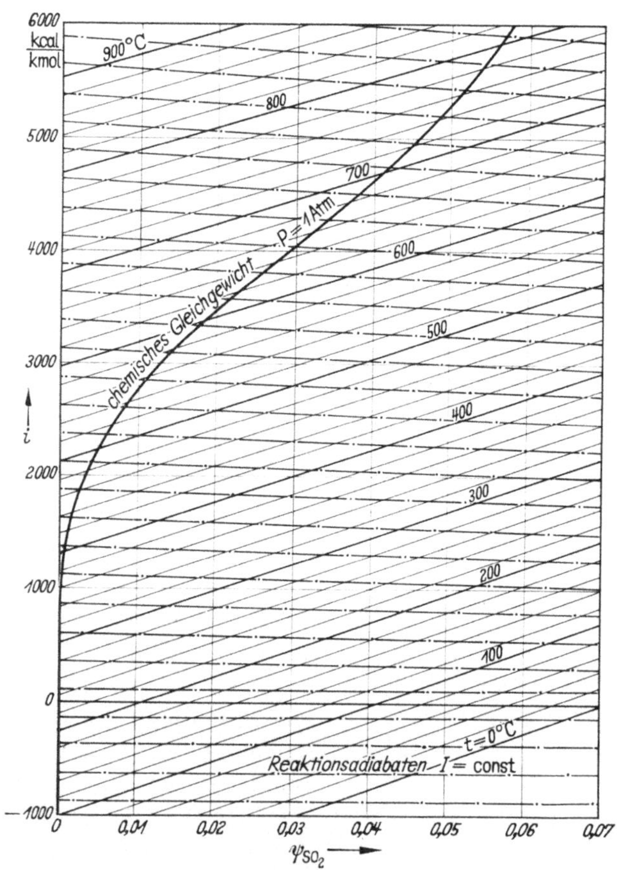

Abb. 6. i, ψ-Diagramm für die SO_2-Oxydation $SO_2 + \dfrac{1}{2} O_2 = SO_3$

Zusammensetzung des reduzierten Gemisches: $\psi'_{SO_2} = 0{,}07$; $\psi'_{O_2} = 0{,}10$; $\psi'_{N_2} = 0{,}83$

werden. Er ist unabhängig von der Zusammensetzung des reduzierten Gemisches.

Bei volumenbeständigen Reaktionen liegt der Adiabatenpol unendlich weit vom realen Diagrammfeld entfernt, und alle Adiabaten (bzw. Isenthalpen I) verlaufen parallel zur Abszissenachse.

Abb. 6 zeigt das *i, ψ*-Diagramm der SO_2-Oxydation für einen Druck von 1 Atm. und eine Zusammensetzung des reduzierten Gemisches

$$\psi'_{SO_2} = 0{,}07 ; \qquad \psi'_{O_2} = 0{,}10 ; \qquad \psi'_{N_2} = 0{,}83 .$$

In Abb. 7 wurde das *i, ψ*-Diagramm der NH_3-Synthese für einen Druck von 300 Atm. und stöchiometrische Zusammensetzung des reduzierten Gemisches $\qquad \psi'_{H_2} = 0{,}75 ; \qquad \psi'_{N_2} = 0{,}25$

dargestellt. Das reale Verhalten der Gase wurde beim Entwerfen des Diagrammes berücksichtigt.

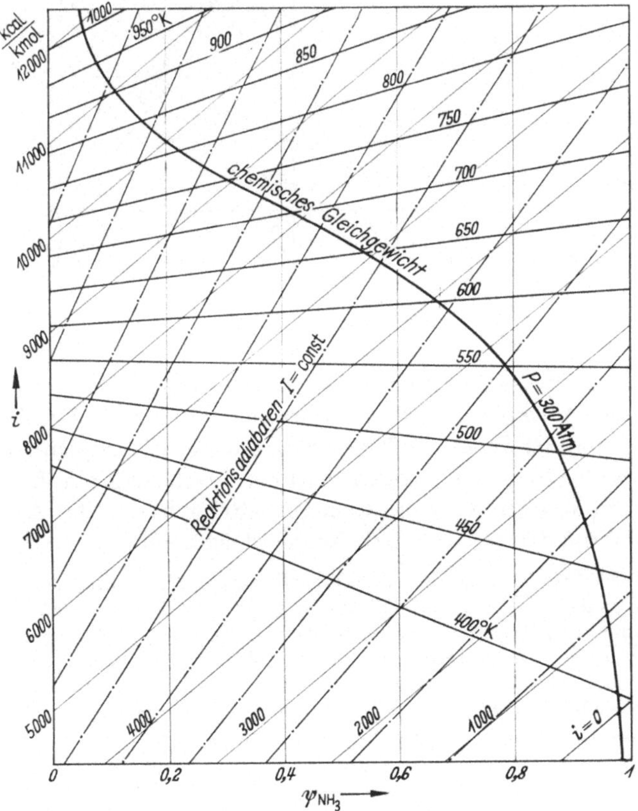

Abb. 7. *i, ψ*-Diagramm für die NH_3-Synthese $\frac{3}{2} H_2 + \frac{1}{2} N_2 = NH_3$ bei stöchiometrischer Gemischzusammensetzung und $P = 300$ Atm.

2.23 Verschiebung des Netzes der spezifischen Gemischisenthalpen mit der Verlegung der Enthalpienullpunkte der Gemischkomponenten

Je nach Wahl bzw. Festlegung der Enthalpienullpunkte für die einzelnen Gemischkomponenten müssen im i, ψ-Diagramm die spezifischen Isenthalpen ($i =$ const) eine andere Lage einnehmen. Auf Grund der Beziehung

$$\sum n_j\, i_j + q = 0$$

kann sich das Isenthalpennetz jedoch nur so verschieben, daß die spezifische Isenthalpe $i = 0$ immer durch den Adiabatenpol Π^* verläuft.

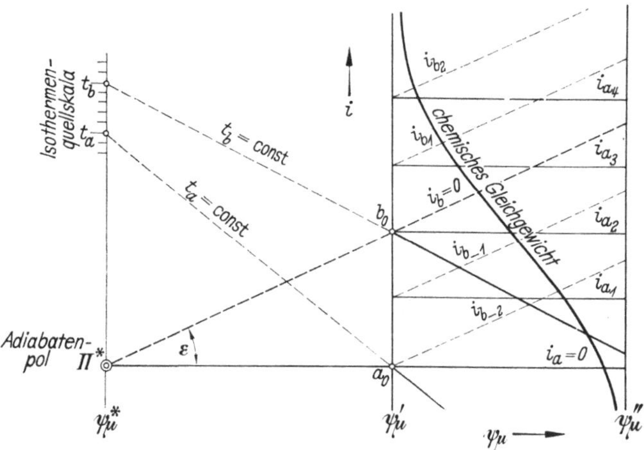

Abb. 8. Verschiebung des Isenthalpennetzes

Dieser Adiabatenpol aber ist ein Festpunkt des Diagrammes und — wie die Gleichgewichtslinien und das Isothermennetz mit der Quellskala — unabhängig von der Wahl der Nullpunkte für die Enthalpien[1]. Das bedeutet, daß (bei reinen Gasreaktionen) eine Verlegung der Enthalpienullpunkte zu anderen Temperaturen einer Schwenkung der Abszissenachse ($i = 0$) um den festen Adiabatenpol gleichkommt.

Beispiel: In Abb. 8 waren die Enthalpienullpunkte der Gemischkomponenten ursprünglich so festgelegt worden, daß das reduzierte Gemisch bei der Temperatur t_a (Zustandspunkt a_0) die spezifische Enthalpie $i' = 0$ aufwies. Unter dieser Voraussetzung wurde das i, ψ-Diagramm in einem rechtwinkligen Koordinatensystem entworfen und erhielt das voll ausgezogene Isenthalpennetz (Linien $i_a =$ const). Verlegt man nachträglich die Enthalpienullpunkte so, daß das reduzierte Gemisch die spezifische Enthalpie $i' = 0$ bei der Temperatur t_b annimmt (Zustandspunkt b_0),

---

[1] Bekanntlich sind sich der Adiabatenpol und die Quellskala der Isothermen auf der Ordinate $\psi_\mu = n_\mu / \sum n_j$ durch die Ordinatendifferenz $\dfrac{\sum n_j\, i_j}{\sum n_j} = \dfrac{-q}{\sum n_j}$ gegenseitig zugeordnet.

so erhält man als neue Abszissenachse ($i_b =\!\!/\ 0$) die Gerade $\overline{b_0\Pi^*}$, die mit der ursprünglichen Abszissenachse $\overline{a_0\Pi^*}$ ($i_a = 0$) den Winkel ε bildet. Die neuen spezifischen Isenthalpen $i_b = $ const verlaufen parallel zur Abszissenachse $\overline{b_0\Pi^*}$ und sind gestrichelt eingezeichnet.

Die Verlegung der Enthalpienullpunkte hat also ein um ε schiefwinkliges Koordinatensystem zur Folge. Die Rechtwinkellage der Koordinaten läßt sich dadurch wiederherstellen, daß man das gesamte (neue) i, ψ-Diagramm (einschließlich Isothermen und Gleichgewichtslinie) um diesen Winkel entzerrt.

2.3 Erweitertes i, ψ-Diagramm

Mit einfachen i, ψ-Diagrammen lassen sich nur solche Reaktionsabläufe untersuchen, bei denen das Reaktionsgemisch an allen Orten des Reaktionsraumes die gleiche reduzierte Zusammensetzung hat. Das ist oft, jedoch nicht immer der Fall.

Man könnte beispielsweise den Temperaturgang in einem kontinuierlich betriebenen Reaktor mit starkem Wärmeumsatz dadurch zu steuern suchen, daß man einen Reaktionspartner längs des Reaktionsraumes stufenweise oder stetig zumischt. In gleichem Maße müßte sich dabei die reduzierte Zusammensetzung des Gemisches ändern.

Weitere Beispiele für die Verschiebung der reduzierten Zusammensetzung im Reaktor — mit jedoch anderen Ursachen — liefern Kontaktreaktionen mit starken Stofftransportwiderständen zwischen Gemischkern und Kontaktoberfläche. Hier können unterschiedliche Transporteigenschaften der Reaktionspartner bzw. Reaktionsprodukte untereinander auf dem Wege zur Kontaktfläche eine „Entmischung" der betreffenden Reaktanten bewirken. Die Analyse des unmittelbar am Reaktionsort anzutreffenden Gemisches müßte dann eine andere reduzierte Zusammensetzung ergeben, als die des Gemischkernes[1].

Um derartige Vorgänge verfolgen zu können, benötigt man erweiterte i, ψ-Diagramme, die für den gesamten Bereich der möglichen reduzierten Zusammensetzungen des Gemisches gleichzeitig gelten.

Es sollen hier erweiterte i, ψ-Diagramme solcher Reaktionsgemische besprochen werden, die nach der Reduzierung nur eine willkürlich veränderliche Komponente enthalten.

---

[1] Bei den meisten Kontaktreaktionen sind jedoch die Transportwiderstände sehr klein gegenüber den chemischen Reaktionswiderständen, und die „Entmischung" der Reaktanten zwischen Gemischkern und Kontaktfläche bleibt ohne Bedeutung. Wenn aber Kontaktreaktionen bei höheren Temperaturen ablaufen (z. B. Verbrennungs- und Vergasungsreaktionen), erreichen die Transportwiderstände die Größenordnung der chemischen Reaktionswiderstände und überwiegen z. T. sogar. Dann können „Entmischungserscheinungen" u. U. starke Verschiebungen der reduzierten Zusammensetzung und des chemischen Gleichgewichts an der Kontaktfläche hervorrufen.

Dazu gehören:

a) alle Reaktionsgemische mit nicht mehr als 3 Komponenten,

b) Reaktionsgemische mit z Komponenten, wenn $z-2$ Komponenten immer im stöchiometrischen Mengenverhältnis zueinander stehen[1],

c) Reaktionsgemische mit z Komponenten, wenn für die Mengenverhältnisse von $z-2$ Komponenten andere zusätzliche Bindungen bestehen[2].

Bei allen diesen Gemischen wird die reduzierte Zusammensetzung durch den Molanteil einer einzigen Komponente eindeutig beschrieben. Der Einfachheit halber soll in der Folge die Zusammensetzung des reduzierten Gemisches durch den Molanteil ψ'_I angegeben werden. Es steht dann immer noch frei, den einen oder den anderen Reaktanten mit A_I zu definieren.

Die Gleichgewichtslinien des i, ψ-Diagrammes hängen nach Gl. (18) von der Zusammensetzung des reduzierten Gemisches ab. Das erweiterte i, ψ-Diagramm muß demnach mit einer Schar von Gleichgewichtslinien versehen sein, von denen jede einzelne für eine bestimmte Zusammensetzung des reduzierten Gemisches gilt (z. B. $\psi'_I = 0{,}1$; $0{,}2$; $0{,}3 \ldots -$ bei Zwischenwerten kann interpoliert werden). Allen Gleichgewichtslinien liegt ein bestimmter Gesamtdruck zugrunde[3].

Wollte man mit den Isothermen ebenso verfahren wie mit den Gleichgewichtslinien, dann würde das Diagramm sehr unübersichtlich werden. Zu jeder einzelnen Zusammensetzung des reduzierten Gemisches gehört ja bereits ein komplettes Isothermennetz. Beim erweiterten i, ψ-Diagramm wird daher auf feste Isothermennetze ganz verzichtet und das Diagramm statt dessen mit einem Hilfsdiagramm versehen, mit dem jede gerade benötigte Isotherme zu jeder Zusammensetzung des reduzierten Gemisches schnell in das Hauptdiagramm hineingelegt werden kann.

Die Lage einer Isotherme im erweiterten i, ψ-Diagramm kann beschrieben werden durch einen Punkt auf der Quellskala der Isothermen und einen weiteren Punkt auf der Ordinate ψ'_μ des reduzierten Gemisches. Da die Temperaturpunkte der Quellskala von der Zusammensetzung des reduzierten Gemisches unabhängig sind, gelten sie auch für das erweiterte i, ψ-Diagramm als Festpunkte. Darin zeigt sich der außerordentliche Vorteil der Quellskala.

---

[1] Es sei darauf hingewiesen, daß nur Reaktionsprodukte untereinander oder Reaktionspartner untereinander im stöchiometrischen Mengenverhältnis stehen können.

[2] Bei der Oxydation mit Luftsauerstoff verhalten sich z. B. die Molmengen O_2/N_2 wie $0{,}21/0{,}79$. Es ist jedoch zu beachten, daß bei Transportvorgängen dieses Verhältnis wegen der etwas unterschiedlichen Diffusionseigenschaften von O_2 und N_2 gestört werden kann.

[3] Soll das Diagramm für mehrere Drucke gelten, so ist für jeden Druck eine Schar von Gleichgewichtslinien einzuzeichnen.

Der Temperaturpunkt auf der Ordinate ψ'_μ wird durch die spezifische Enthalpie des reduzierten Gemisches

$$i' = \sum \psi'_j\, i_j = f(\psi'_\mathrm{I}, t)$$

bestimmt und muß sich in dem Maße verschieben, in dem sich die Zusammensetzung des reduzierten Gemisches ändert. Die Verschiebung läßt sich mit einem i', ψ'_I-Diagramm für das reduzierte Gemisch erfassen.

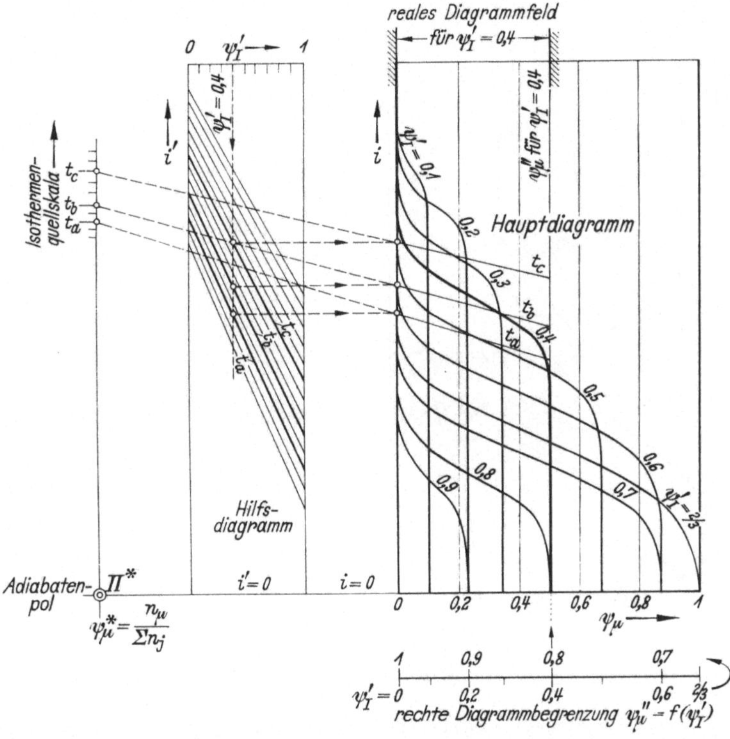

Abb. 9. Erweitertes i, ψ-Diagramm mit nebengestelltem $(i', \psi'_\mathrm{I}\text{-})$ Hilfsdiagramm, A_μ Reaktionsprodukt, A_I Reaktionspartner

Dieses Hilfsdiagramm wird so neben das Hauptdiagramm gestellt, daß eine einfache Projektion der interessierenden i'-Werte auf die jeweilige ψ'_μ-Ordinate möglich ist (Abb. 9). Dazu müssen die Enthalpiemaßstäbe des Hilfs- und Hauptdiagrammes übereinstimmen.

Die Lage und Breite des realen Diagrammfeldes im erweiterten i, ψ-Diagramm hängen ebenfalls von der Zusammensetzung des reduzierten Gemisches ab. Man wird das Diagramm daher zweckmäßig mit Randskalen

$$\psi'_\mu = f(\psi'_\mathrm{I}) \quad \text{und} \quad \psi''_\mu = f(\psi'_\mathrm{I})$$

für die Diagrammbegrenzung versehen. Sie können ohne Schwierigkeit nach Gl. (10) berechnet werden. Die Gleichgewichtslinien des Diagrammes laufen bei tiefen bzw. hohen Temperaturen asymptotisch in die zugehörigen Begrenzungsordinaten ein.

Ist die Bezugskomponente A_μ des Hauptdiagrammes ein Reaktionsprodukt, wie in Abb. 9, dann bildet die Ordinate ψ'_μ des reduzierten

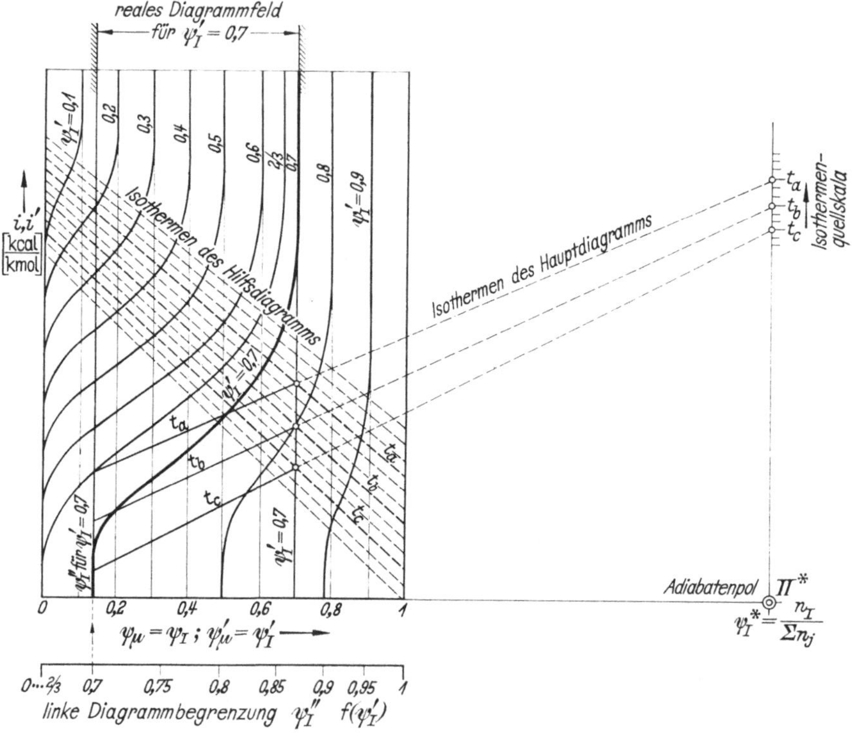

Abb. 10. Erweitertes i, ψ-Diagramm mit überlagertem $(i', v'_\mathrm{I}\text{-})$ Hilfsdiagramm
$A_\mu = A_\mathrm{I}$ Reaktionspartner

Gemisches die linke Diagrammbegrenzung und hat im allgemeinen den Zahlenwert $\psi'_\mu = 0$. Von Sonderfällen abgesehen fällt hier die linke Diagrammbegrenzung demnach in die Ordinatenachse — unabhängig von der Zusammensetzung des reduzierten Gemisches.

Die Ordinate ψ'_μ wird zur rechten Diagrammbegrenzung, wenn ein Reaktionspartner als Bezugskomponente für das i, ψ-Diagramm dient. Ein Beispiel für die Konstruktion mehrerer Isothermen für eine bestimmte Zusammensetzung des reduzierten Gemisches mit der zugehörigen Diagrammbegrenzung ist in Abb. 9 eingezeichnet und wohl ohne weiteres verständlich.

Ist die Bezugskomponente A_I des i', ψ'_I-Diagrammes identisch der Bezugskomponente A_μ des i, ψ_μ-Diagrammes — und wenn A_μ ein Reaktionspartner ist, läßt sich immer $A_\mathrm{I} \equiv A_\mu$ definieren — dann kann das Hilfsdiagramm dem Hauptdiagramm direkt überlagert werden. Dazu müssen allerdings auch die Abszissenmaßstäbe beider Diagramme übereinstimmen (Abb. 10).

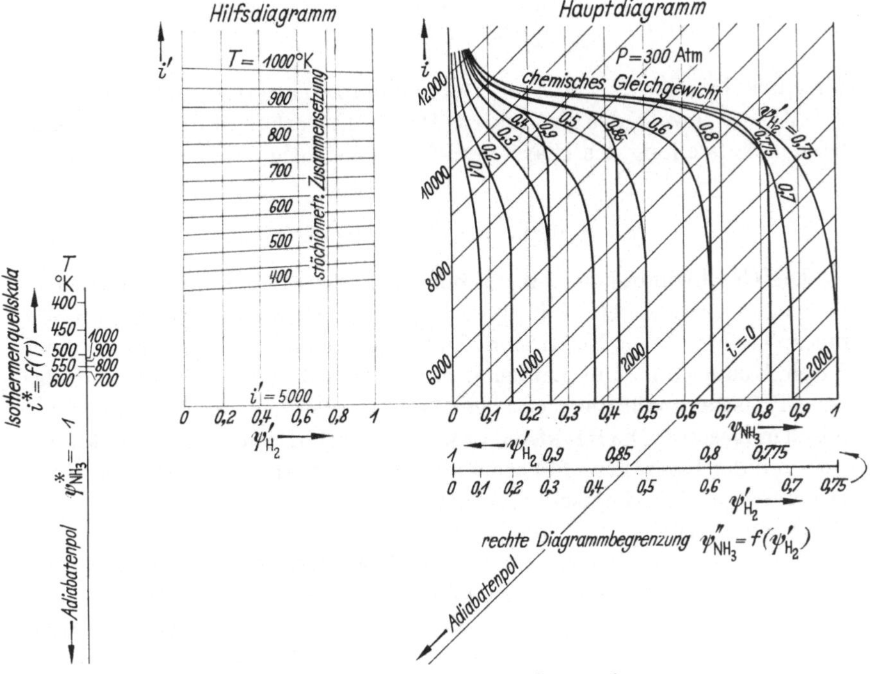

Abb. 11. Erweitertes i, ψ-Diagramm für die $\mathrm{NH_3}$-Synthese $\dfrac{3}{2}\,\mathrm{H_2} + \dfrac{1}{2}\,\mathrm{N_2} = \mathrm{NH_3}$, $P = 300$ Atm.

Um Verwechslungen zwischen den Isothermen des Hilfsdiagrammes und den Isothermen des Hauptdiagrammes zu vermeiden, wurde das feste Isothermennetz des Hilfsdiagrammes gestrichelt eingezeichnet. Eine Randskala für die Lage der Diagrammbegrenzungsordinate ψ'_μ braucht auch hier nicht vorgesehen zu werden, da der Wert von $\psi'_\mathrm{I} \equiv \psi'_\mu$ jetzt unmittelbar auf der Abszissenachse erscheint.

Die Überlagerung des Diagrammes ist besonders deshalb sehr vorteilhaft, weil die für die Isothermenkonstruktion benötigten Zustandspunkte $i' = f(\psi'_\mathrm{I}, t)$ des Hilfsdiagrammes gleich an die richtige Stelle im Hauptdiagramm fallen — nämlich auf die Ordinate $\psi'_\mu \equiv \psi'_\mathrm{I}$ des reduzierten Gemisches — und nicht erst projiziert zu werden brauchen. Zum Festlegen einer Isotherme t im erweiterten i, ψ-Diagramm für ein Gemisch mit der reduzierten Zusammensetzung ψ'_I hat man also lediglich den Zustandspunkt (ψ'_I, t) des Hilfsdiagrammes aufzusuchen und durch eine Gerade mit dem zugehörigen Temperaturpunkt der Isothermenquellskala zu verbinden. Beispiele dazu zeigt Abb. 10.

Beim Arbeiten mit erweiterten i, ψ-Diagrammen wird man immer nur die Isothermen einzeichnen, die gerade benötigt werden.

Abb. 11 zeigt das erweiterte i, ψ-Diagramm der NH_3-Synthese

$$\frac{1}{2}\,N_2 + \frac{3}{2}\,H_2 = NH_3$$

für einen Druck von 300 Atm. Bezugskomponente des Diagrammes ist der Molanteil ψ_{NH_3} des Produktes. Das reale Verhalten der Gase wurde bei der Aufstellung des Diagrammes berücksichtigt.

2.4 Kinetik der Kontaktreaktionen

Die Geschwindigkeit, mit der eine Kontaktreaktion dem chemischen Gleichgewicht zustrebt, hängt von einer Reihe von Vorgängen ab, die nur z. T. chemischer Natur sind. Zunächst müssen die Reaktionspartner durch Konvektion und Diffusion an die Oberfläche des Kontaktstoffes (sog. Phasengrenzfläche) gelangen. Dort werden sie adsorbiert und chemisch umgesetzt. Die Reaktionsprodukte wandern nach erfolgter Desorption von der Kontaktstoffoberfläche — wieder durch Diffusion und Konvektion — in den Gemischkern zurück.

Den Stofftransportvorgängen im Reaktionsraum überlagern sich noch Wärmetransportvorgänge zwischen der Kontaktstoffoberfläche und ihrer Umgebung. Als Umgebung gilt hier sowohl das Reaktionsgemisch, als auch ein eventuell vorhandenes Heiz- oder Kühlsystem. Der Abtransport der Reaktionswärme vom Reaktionsort bei exothermen Prozessen — bzw. Antransport zum Reaktionsort bei endothermen Prozessen — geschieht durch Leitung und Konvektion.

Alle diese Vorgänge verlaufen nicht ohne Hemmungen und beeinflussen direkt oder indirekt den zeitlichen Ablauf der Reaktion.

Während die grundlegenden Gesetze des Wärme- und Stofftransportes weitgehend erforscht sind und eine hinreichend sichere Berechnung dieser Vorgänge erlauben, lassen sich über die Grenzflächenkinetik beliebiger Kontaktreaktionen keine allgemeingültigen, quantitativen Aussagen machen. Man ist vielmehr darauf angewiesen, die Geschwindigkeit der Grenzflächenvorgänge, gesondert für jede Reaktion an einem bestimmten Kontaktstoff, mit geeigneten Apparaturen zu messen. Die Intensität der Adsorption, chemische Reaktion und Desorption kann dabei nur summarisch erfaßt werden. Sie hängt von den Reaktionsbedingungen ab und wird durch die Geschwindigkeitsgleichung der Reaktion wiedergegeben.

Großtechnische Reaktoren für Kontaktreaktionen werden fast ausnahmslos kontinuierlich und stationär betrieben. In den Kleinapparaturen der Laboratorien hingegen überwiegt der rein zeitabhängige Reaktionsablauf. Da jedoch bei Laboruntersuchungen die Reaktionsbedingungen so gewählt werden können, daß eine relativ einfache Auswertung der Versuchsergebnisse möglich ist, soll auf den zeitabhängigen Reaktionsablauf nicht weiter eingegangen werden.

2.41 Reaktionsgeschwindigkeit

Unter der Reaktionsgeschwindigkeit versteht man die pro Zeit- und Volumeneinheit des Reaktionsraumes umgesetzte Stoffmenge einer Reaktionskomponente. Ihr Zahlenwert hängt von der Wahl der Bezugskomponente ab. Die Definitionsgleichung der Reaktionsgeschwindigkeit für den allgemeinen Fall einer zeit- und ortsabhängigen Reaktion hat die Form:

$$r_j = \frac{dM_j}{d(\vartheta \cdot V_R)}. \tag{33}$$

r_j [kmol/s m³] Reaktionsgeschwindigkeit bezogen
auf die Komponente A_j,
ϑ [s] Reaktionszeit,
V_R [m³] Volumen des Reaktionsraumes.

Das Verhältnis der so definierten Reaktionsgeschwindigkeit zur Reaktionszahl ihrer jeweiligen Bezugskomponente ist von keiner Bezugskomponente abhängig:

$$\frac{1}{n_\mathrm{I}} \frac{dM_\mathrm{I}}{d(\vartheta V_R)} = \frac{1}{n_\mathrm{II}} \frac{dM_\mathrm{II}}{d(\vartheta V_R)} = \cdots = \frac{1}{n_j} \frac{dM_j}{d(\vartheta V_R)} = r. \tag{34}$$

Diese stets positive Größe

$$r = \frac{r_\mathrm{I}}{n_\mathrm{I}} = \frac{r_\mathrm{II}}{n_\mathrm{II}} = \cdots = \frac{r_j}{n_j} \tag{35}$$

wird als Äquivalentgeschwindigkeit bezeichnet [5].

Für Gasreaktionen in kontinuierlich und stationär betriebenen Apparaturen (rein ortsabhängige Reaktionen) nimmt die Definitionsgleichung der Reaktionsgeschwindigkeit die Form an:

$$r_j = \frac{dM_j}{\vartheta\, dV_R} = \frac{d\dot{M}_j}{dV_R}, \tag{36}{}^{1}$$

$\dot{M}_j$ [kmol/s] Mengenstrom der Bezugskomponente.

---

[1] Für Gasgemische, die absatzweise in geschlossenen Gefäßen reagieren (rein zeitabhängige Reaktionen) gilt:

$$r_j = dM_j/V_R\, d\vartheta = dc_j/d\vartheta.$$

c_j [kmol/m³] Konzentration der Bezugskomponente.

Die Reaktionsgeschwindigkeit ist eine Funktion der sog. Geschwindigkeitskonstante k_V und der Gemischkonzentrationen c_{j_0} an der Phasengrenzfläche:

$$r_j = f(k_V, c_{I_0}, c_{II_0}, c_{III_0} \ldots c_{j_0} \ldots).$$

Die Geschwindigkeitskonstante berücksichtigt die Temperaturabhängigkeit der Reaktion. Für sie gilt nach ARRHENIUS:

$$k_V = H\, e^{-\frac{A}{\Re T_0}}. \tag{37}$$

T_0 [°K]   absolute Temperatur am Reaktionsort,
A [kcal/kmol] Aktivierungsenergie der Reaktion,
$\Re$ [kcal/kmol grd] universelle Gaskonstante,
H Häufigkeitsfaktor der Reaktion.

Gewöhnlich läßt sich die rechte Seite der Geschwindigkeitsgleichung als Produkt der Geschwindigkeitskonstante und einer reinen Konzentrationsfunktion darstellen:

$$r_j = k_V f(c_{I_0}, c_{II_0} \ldots c_{j_0} \ldots).$$

In nicht allzugroßer Entfernung vom chemischen Gleichgewicht ist die Geschwindigkeit vieler Reaktionen proportional dem Gleichgewichtsabstand der Grenzflächenkonzentration einer bestimmten Gemischkomponente A_μ:

$$r_\mu = k_V (c_{\mu_{0gl}} - c_{\mu_0}). \tag{38}$$

Eine Reaktion, deren Geschwindigkeit dieser Gleichung folgt, bezeichnet man auch als Reaktion I. Ordnung. Die Geschwindigkeitskonstante k_V einer solchen Reaktion hat die Dimension $[s^{-1}]$. $c_{\mu_{0gl}}$ ist die der Grenzflächentemperatur entsprechende Gleichgewichtskonzentration der Komponente A_μ an der Phasengrenze.

Die in einem Element des Reaktionsraumes sekundlich umgesetzte Stoffmenge $d\dot{M}_\mu$ beträgt für eine Reaktion I. Ordnung:

$$d\dot{M}_\mu = k_V (c_{\mu_{0gl}} - c_{\mu_0})\, dV_R \quad [\text{kmol/s}]. \tag{39}$$

Bei Kontaktreaktionen ist der Umsatz jedoch nicht dem Volumen des Reaktionsraumes, sondern der im Reaktionsraum untergebrachten Phasengrenzfläche proportional. Als Phasengrenzfläche gilt die äußere und innere Oberfläche des Kontaktstoffes.

Führt man in Gl. (39) die Phasengrenzfläche F_0 [m²] ein und drückt man die Konzentrationen durch Molanteile aus, so folgt

$$d\dot{M}_\mu = \frac{k_{F_0}}{v_0} (\psi_{\mu_{0gl}} - \psi_{\mu_0})\, dF_0, \tag{40}$$

wobei

$$k_{F_0} = k_V \frac{dV_R}{dF_0} \tag{41}$$

die auf die Einheit der Phasengrenzfläche bezogene Geschwindigkeitskonstante bedeutet.

v_0 [m³/kmol] ist das Molvolumen des Gemisches an der Phasengrenzfläche.

Ist der Reaktionsraum mit gleichförmigen Kontaktkörpern durchsetzt, so gilt:

$$\frac{dV_R}{dF_0} = \frac{V_R}{F_0} = \text{const}^1.$$

Für manche Rechnungen ist es vorteilhaft, den stofflichen Umsatz auch bei porösen Kontaktstoffen auf die geometrische (äußere) Oberfläche zu beziehen:

$$d\dot{M}_\mu = \frac{k_F}{v_0}(\psi_{\mu_{0gl}} - \psi_{\mu_0})\,dF \quad [\text{kmol/s}]. \tag{42}$$

F [m²] geometrische Oberfläche des Kontaktstoffes,
k_F [m/s] Geschwindigkeitskonstante bezogen auf die Einheit
der geometrischen Oberfläche.

$$k_F = k_{F_0}\frac{dF_0}{dF} = k_V\frac{dV_R}{dF}. \tag{43}$$

Für gleichförmige Kontaktstoffe gilt ebenfalls:

$$\frac{dF_0}{dF} = \frac{F_0}{F} = \text{const}.$$

Auch für Reaktionen, die von der I. Ordnung abweichen, läßt sich formal ein Ansatz analog Gl. (42) machen:

$$d\dot{M}_\mu = \frac{k_{F_{\text{korr}}}}{v_0}(\psi_{\mu_{0gl}} - \psi_{\mu_0})\,dF \quad [\text{kmol/s}]. \tag{44}$$

Die Geschwindigkeitskonstante $k_{F_{\text{korr}}}$ ist dann jedoch keine reine Temperaturfunktion mehr. Für sie gilt:

$$k_{F_{\text{korr}}} = \frac{r_\mu}{(\psi_{\mu_{0gl}} - \psi_{\mu_0})}\frac{dV_R}{dF} = f(k_V,\,c_{\text{I}_0},\,c_{\text{II}_0}\ldots c_{j_0}\ldots), \tag{45}$$

oder

$$k_{F_{\text{korr}}} = \varepsilon_k \cdot k_F. \tag{46}$$

Der Korrekturfaktor ε_k ist oft eine reine Konzentrations- oder Molanteilsfunktion:

$$\varepsilon_k = f_c(c_{\text{I}_0},\,c_{\text{II}_0},\,c_{\text{III}_0}\ldots c_{j_0}\ldots) = f_\psi(\psi_{\text{I}_0},\,\psi_{\text{II}_0},\,\psi_{\text{III}_0}\ldots\psi_{j_0}\ldots).$$

Der Ansatz nach Gl. (44) bietet dann große Vorteile, wenn der Reaktionsablauf schrittweise berechnet wird und für jeden Schritt ein konstanter Mittelwert der korrigierten Geschwindigkeitskonstanten $k_{F_{\text{korr}}}$ eingesetzt werden darf. Diese Rechenmethode wird hier ausschließlich

---

[1] Das Verhältnis dV_R/dF_0 wird ortsabhängig, wenn der Kontaktstoff selbst Reaktand ist (z. B. bei Gas/Feststoff-Reaktionen).

angewendet. Ihre Ergebnisse sind um so genauer, je weniger sich k_{F_korr} mit der Reaktion ändert und je kleiner die Rechenschritte gewählt werden. Für Reaktionen I. Ordnung wird $\varepsilon_k = 1$ und $k_{F_\text{korr}} = k_F$.

2.42 Stofftransport
zwischen Gemischkern und geometrischer Kontaktstoffoberfläche

Der Stofftransport zwischen dem Gemischkern und der geometrischen Kontaktstoffoberfläche kann bei nichtisothermen Systemen durch die Beziehung

$$d\dot{M}_j = \frac{\beta}{\Re\, T}\,(P_{j_a} - P_j)\,dF \quad [\text{kmol/s}] \tag{47}$$

wiedergegeben werden[1].

β [m/s]   Stoffübertragungszahl,
P_j, P_{j_a} [kp/m²] Partialdruck der Komponente A_j im Gemischkern
                 und an der geometrischen Kontaktstoffoberfläche.

Drückt man die Partialdrucke durch die entsprechenden Molanteile aus, so folgt:

$$d\dot{M}_j = \frac{\beta}{v}\,(\psi_{j_a} - \psi_j)\,dF \quad [\text{kmol/s}]. \tag{48}$$

Die Stoffübertragungszahl β kann der NUSSELT-Zahl Nu' oder der STANTON-Zahl St entnommen werden. Nu' und St sind Funktionen anderer dimensionsloser Größen. Bei aufgezwungener Strömung gilt z. B.

$$Nu' = \frac{\beta\, d}{D} = f_1(Re,\, Sc)$$

$$St = \frac{\beta}{w} = f_2(Re,\, Sc).$$

Es bedeuten

$Re = \dfrac{w\, d}{\nu}$ REYNOLDS-Zahl,

$Sc = \dfrac{\nu}{D}$ SCHMIDT-Zahl,

w [m/s]   Strömungsgeschwindigkeit,
d [m]   charakteristische Länge,
D [m²/s]   Diffusionskoeffizient,
ν [m²/s]   kinematische Zähigkeit.

Die Kennzahlfunktionen (f_1 und f_2) werden im allgemeinen aus den bekannten Gesetzen der Wärmeübertragung übernommen und setzen dann die vollkommene Analogie zwischen der Stoff- und der Wärmeübertragung voraus.

Bei Kontaktreaktionen ist die Analogie jedoch oft dadurch gestört, daß sich senkrecht zur Kontaktkörperoberfläche ein rein konvektiver

---

[1] Die Thermodiffusion wird vernachlässigt.

Gemischstrom (sog. STEPHAN-Strom) ausbildet. In diesem Fall muß die über die Analogie bestimmte Stoffübertragungszahl β korrigiert werden.

$$\beta_{\mathrm{korr}} = \varepsilon_\beta \cdot \beta \,. \tag{49}$$

Der Korrekturfaktor ε_β hat für jede Gemischkomponente einen anderen Zahlenwert. Nach FRANK-KAMENETZKI [6] gilt:

$$\varepsilon_{\beta_i} = \frac{1}{\gamma_j} \; \frac{\ln \dfrac{1 - \gamma_j \, \psi_{j_a}}{1 - \gamma_j \, \psi_j}}{\psi_{j_a} - \psi_j} \,. \tag{50}$$

Die Größe γ_j hängt von den Reaktionszahlen, Diffusionskoeffizienten und Molanteilen aller Gemischkomponenten ab:

$$\gamma_i = \frac{1}{n_j} \; \frac{\Sigma \dfrac{n_j}{D_j}}{\Sigma \dfrac{\psi_j}{D_j}} \,. \tag{51}$$

Inertgase erfahren keinen Transport zwischen Gemischkern und Reaktionsort; ihre Korrekturfaktoren haben den Wert

$$\varepsilon_{\beta_N} = 0 \,.$$

Der Konvektionsstrom der Inertgase muß demnach durch einen gleichgroßen, aber entgegengerichteten Diffusionsstrom ausgeglichen werden. Dazu ist ein entsprechendes Molanteilsgefälle $(\psi_{N_a} - \psi_N)$ erforderlich.

Durch die Transportvorgänge der Reaktanten wird offenbar nur dann kein Konvektionsstrom erzeugt, wenn die Reaktion raumbeständig ist ($\Sigma n_j = 0$) und außerdem die Diffusionskoeffizienten aller Reaktanten gleich groß sind ($D_\mathrm{I} = D_\mathrm{II} = \cdots = D_j$). Unter dieser Voraussetzung ist. $\Sigma n_j/D_j = 0$ und $\varepsilon_\beta = 1$.

Der Einfluß des Konvektionsstromes auf den Stofftransport ist gering, wenn das Reaktionsgemisch einen hohen Inertgasanteil aufweist. Denn für alle Reaktanten gilt:

$$\lim_{\substack{\psi_j \to 0 \\ \psi_{j_a} \to 0}} \varepsilon_{\beta_j} = 1 \,.$$

Zwischen dem Molanteilsgefälle einer beliebigen Komponente A_j und dem Molanteilsgefälle der Bezugskomponente A_μ besteht die Beziehung:

$$\frac{\psi_{j_a} - \psi_j}{\psi_{\mu_a} - \psi_\mu} = \frac{n_j/\beta_{j_{\mathrm{korr}}}}{n_\mu/\beta_{\mu_{\mathrm{korr}}}} \,. \tag{52}$$

Bildet man die Summe dieser Verhältnisse über alle Gemischkomponenten, so erhält man die Bedingung:

$$\Sigma \, n_j/\beta_{j_{\mathrm{korr}}} = 0 \,. \tag{53}$$

Für eine neutrale Komponente ist

$$n_N = 0; \qquad \beta_{N_{\text{korr}}} = 0.$$

Der Quotient aber hat einen endlichen Wert:

$$\frac{n_N}{\beta_{N_{\text{korr}}}} = \frac{1}{\beta_N} \frac{\sum \dfrac{n_j}{D_j}}{\sum \dfrac{\psi_j}{D_j}} \frac{\psi_{N_a} - \psi_N}{\ln \dfrac{\psi_{N_a}}{\psi_N}}. \tag{54}$$

2.43 Stofftransport im Gefüge poröser Kontaktstoffe

Bei Reaktionen an porösen Kontaktstoffen steht als Phasengrenzfläche nicht nur die äußere Oberfläche der Kontaktkörper zur Verfügung, sondern auch die oft um mehrere Zehnerpotenzen größere innere Oberfläche. Das dem jeweiligen Reaktionsort vorgelagerte Porengefüge bildet einen zusätzlichen Widerstand gegen den Transport der Reaktanten und bewirkt entsprechende Konzentrationsgradienten. Die innere Oberfläche kann deshalb nicht voll durch die Reaktion ausgenutzt werden.

Kennzeichnend für die Ausnutzbarkeit der inneren Oberfläche poröser Kontaktstoffe ist der sog. Nutzungsgrad η. In der hier benutzten Schreibweise mit Molanteilen der Bezugskomponente A_μ bedeutet η das Verhältnis des mittleren Gleichgewichtsabstandes $(\psi_{\mu_{0gl}} - \psi_{\mu_0})$ an der Phasengrenzfläche zum Gleichgewichtsabstand $(\psi_{\mu_{0gl}} - \psi_{\mu_a})$ an der geometrischen Oberfläche des Kontaktkörpers:

$$\eta = \frac{\psi_{\mu_{0gl}} - \psi_{\mu_0}}{\psi_{\mu_{0gl}} - \psi_{\mu_a}}, \tag{55}$$

$\psi_{\mu_{0gl}}$ Gleichgewichts-Molanteil der Bezugskomponente.

Der Nutzungsgrad hängt ab von der äußeren und inneren Geometrie des Kontaktkörpers (Form, Abmessungen, Porenstruktur, Porosität u. dgl.) und den Geschwindigkeiten der chemischen Reaktion und des Stofftransportes.

Der Stofftransport in den Poren wird primär durch die verschiedenen Arten der Diffusion (Gas-, Knudsen-, Oberflächendiffusion) bewirkt. Hinzu treten gewöhnlich noch die schon im vorigen Kapitel besprochenen konvektiven Ausgleichsströme.

Das Zusammenwirken von Reaktionen, Diffusion und Konvektion macht eine theoretische Behandlung des Vorganges sehr schwierig. Exakte mathematische Lösungen konnten nur unter Annahme einfacher Reaktionsmechanismen, konstanter Diffusionskoeffizienten und verschwindender Konvektion hergeleitet werden [6—10].

Die im folgenden wiedergegebenen Beziehungen für den Nutzungsgrad gelten streng nur für Reaktionen I. Ordnung. Unter Beachtung der

Ausführungen zu Gl. (44) wird man sie jedoch auch auf Reaktionen anwenden dürfen, die von der I. Ordnung abweichen. η wird dabei immer auf die Komponente A_μ der Geschwindigkeitsgleichung bezogen.

Hat ein Kontaktkörper die Form einer ebenen Platte von der Dicke $2\,y_w\,[m]$ und tritt im Gefüge keine Konvektion auf, so beträgt sein Nutzungsgrad:

$$\eta_{Pl} = \frac{\mathfrak{Tg}\,\varphi_{Pl}}{\varphi_{Pl}}, \tag{56}$$

wobei die dimensionslose Größe

$$\varphi_{Pl} = y_w \sqrt{\frac{2\,k_F}{\chi\,D\,r_P}} \tag{57}$$

als Katalysatorkennzahl bezeichnet wird [11].

$D\,[m^2/s]$ ist der Diffusionskoeffizient im freien Gasraum[1]. Der Labyrinthfaktor χ berücksichtigt die Diffusionshemmungen durch Verengung und regellosen Verlauf der Poren gegenüber der Diffusion im freien Gasraum.

Mit $r_P\,[m]$ wurde ein mittlerer Porenradius eingeführt, der durch die Beziehung

$$r_P = \frac{2\,\xi}{o\,\varrho_s} \tag{58}$$

definiert ist.

$$
\begin{array}{ll}
\xi = 1 - \varrho_s/\varrho_w & \text{Porosität des Kontaktstoffes,} \\
\varrho_w\,[\text{kg/m}^3] & \text{wahre Dichte des Kontaktstoffes,} \\
\varrho_s\,[\text{kg/m}^3] & \text{scheinbare Dichte des Kontaktstoffes,} \\
o\,[\text{m}^3/\text{kg}] & \text{spezifische innere Oberfläche des Kontaktstoffes.}
\end{array}
$$

Für kugelförmige Kontaktkörper mit dem Durchmesser $d\,[m]$ gilt bei Vernachlässigung der Konvektionsströmung:

$$\eta_{\text{Kugel}} = \frac{1}{\varphi_{\text{Kugel}}}\left[\frac{1}{\mathfrak{Tg}\,(3\,\varphi_{\text{Kugel}})} - \frac{1}{3\,\varphi_{\text{Kugel}}}\right], \tag{59}$$

$$\varphi_{\text{Kugel}} = \frac{d}{6}\sqrt{\frac{2\,k_F}{\chi\,D\,r_P}}. \tag{60}$$

Bei Katalysatorkennzahlen $\varphi \geqq 3$ kann der Nutzungsgrad für Platte und Kugel in guter Näherung durch die Beziehung

$$\eta \approx \frac{1}{\varphi} \tag{61}$$

erfaßt werden.

Weicht die Reaktion von der I. Ordnung ab, so ist in Gl. (57) bzw. Gl. (60) für k_F die korrigierte Geschwindigkeitskonstante $k_{F_{\text{korr}}}$ einzusetzen.

---

[1] Tritt neben Gasdiffusion auch KNUDSEN- und Oberflächendiffusion in den Poren auf, so müssen deren Anteile durch eine Korrektur von D berücksichtigt werden.

Volumenändernde Kontaktreaktionen mit Reaktanten gleicher Diffusionseigenschaften bewirken einen Konvektionsstrom, der lediglich von der Molzahländerung herrührt. In diesem Falle läßt sich für den Nutzungsgrad plattenförmiger Kontaktkörper herleiten:

$$\eta_{Pl} = \frac{1}{\varphi_{Pl}}\, \Psi_{Pl}, \tag{62}$$

$$\Psi_{Pl} = \frac{1}{\psi_{\mu_{0gl}} - \psi_{\mu_a}} \sqrt{\frac{2 n_\mu}{\Sigma\, n_j}\left[\psi_{\mu_s} - \psi_{\mu_a} - \left(\frac{n_\mu}{\Sigma\, n_j} - \psi_{\mu_{0gl}}\right)\ln \frac{\frac{n_\mu}{\Sigma\, n_j} - \psi_{\mu_a}}{\frac{n_\mu}{\Sigma\, n_j} - \psi_{\mu_s}}\right]}\,. \tag{63}[1]$$

Für die Auswertung dieser Beziehung muß noch der Molanteil ψ_{μ_s} des Gemisches in Plattenmitte bekannt sein. Eine strenge mathematische Beziehung für ψ_{μ_s} läßt sich nicht angeben. Bei den oft vorliegenden kleinen Nutzungsgrade $\eta_{Pl} \leqq {}^1/_3$ ist jedoch die Reaktion in Plattenmitte schon so weit abgeklungen, daß $\psi_{\mu_s} \approx \psi_{\mu_{0gl}}$ angenommen werden darf.

Der Nutzungsgrad für volumenändernde Reaktionen mit unterschiedlichen Diffusionskoeffizienten D_j der Reaktanten kann zumindest angenähert berechnet werden, wenn man nach WICKE [14][2] in die Gln. (56) bis (61) anstatt von D einen korrigierten Diffusionskoeffizienten

$$D_{\mu_{\mathrm{korr}}} = \overline{\left(\frac{D\mu}{1 - \gamma_\mu \psi_\mu}\right)}_P \tag{64}$$

einführt. Für die Größe γ_μ gilt Gl. (51). D_μ, ψ_μ und γ_μ sind auf einen mittleren Gemischzustand im Porengefüge zu beziehen. Steht der Porenströmung ein merklicher Strömungswiderstand entgegen, so ist für γ_μ zu setzen:

$$\gamma_\mu = \frac{1}{n_\mu}\overline{\left(\frac{\Sigma\, \dfrac{n_j}{D_j}}{\dfrac{x}{P} + \Sigma\, \dfrac{\psi_j}{D_j}}\right)}_P\,. \tag{65}$$

Vorausgesetzt wird dabei eine laminare Porenströmung entsprechend dem Ansatz

$$w_P = -\frac{1}{x}\,\frac{dP}{dy}\,.$$

w_P [m/s]   Strömungsgeschwindigkeit in den Poren,
x [kp s/m⁴/]   Strömungswiderstand,
P [kp/m²]   Gesamtdruck,
y [m]   Ortskoordinate.

---

[1] Eine von E. WICKE und W. BRÖTZ für $c_{0_{gl}} = 0$ angegebene Beziehung würde auf den Fall $c_{0_{gl}} \neq 0 \to \psi_{\mu_{0gl}} \neq 0$ erweitert.

[2] WICKE benutzt den sog. effektiven Diffusionskoeffizienten $D_{\mu_{\mathrm{eff}}}$, der auf den Gesamtquerschnitt des Porengefüges bezogen wird und außerdem die Transporthemmungen durch unregelmäßige Porenform enthält. Zwischen $D_{\mu_{\mathrm{eff}}}$ und $D_{\mu_{\mathrm{korr}}}$ besteht die Beziehung:

$$D_{\mu_{\mathrm{eff}}} = D_{\mu_{\mathrm{korr}}} \cdot \chi \cdot \xi.$$

Der Mengenstrom der Bezugskomponente A_μ an der geometrischen Oberfläche des porösen Kontaktkörpers kann formal durch den Ansatz

$$d\dot{M}_\mu = \frac{\beta_{P\mu}}{v_0} \left(\psi_{\mu_0} - \psi_{\mu_a}\right) dF \quad [\text{kmol/s}] \tag{66}$$

beschrieben werden. In dieser Gleichung ist

$$\beta_{P\mu} = \frac{D_{\mu_\text{korr}} \cdot \chi \cdot \xi}{\delta_P} \quad [\text{m/s}] \tag{67}$$

der Stofftransportkoeffizient des Porengefüges, bezogen auf die Einheit der geometrischen Oberfläche des Kontaktkörpers. $\delta_P \, [m]$ ist ein äquivalenter Mittelwert für die Eindringtiefe der Reaktanten in das Porengefüge und soll als äquivalente Eindringtiefe bezeichnet werden[1].

Das Verhältnis δ_P/χ ist dann der äquivalente Transportweg der Reaktanten in einem System gerichteter Zylinderporen vom Radius r_P.

Aus der Gegenüberstellung von Gl. (66) und Gl. (42) folgt nach einigen kleineren Umformungen:

$$\delta_P = \left(\frac{1}{\eta} - 1\right) \frac{D_{\mu_\text{korr}} \cdot \chi \cdot \xi}{k_F} \quad [\text{m}]. \tag{68}$$

$$\beta_{P\mu} = \frac{k_F}{\dfrac{1}{\eta} - 1} \quad [\text{m/s}]. \tag{69}$$

Die Stofftransportkoeffizienten beliebiger Gemischkomponenten verhalten sich zum Stofftransportkoeffizienten der Bezugskomponente wie die zugehörigen korrigierten Diffusionskoeffizienten:

$$\frac{\beta_{P_j}}{\beta_{P_\mu}} = \frac{D_{j_\text{korr}}}{D_{\mu_\text{korr}}}. \tag{70}$$

Für das Verhältnis der Molanteilsgefälle der Gemischkomponenten gilt:

$$\frac{\psi_{j_0} - \psi_{j_a}}{\psi_{\mu_0} - \psi_{\mu_a}} = \frac{n_j/D_{j_\text{korr}}}{n_\mu/D_{\mu_\text{korr}}}. \tag{71}$$

Analog den Verhältnissen im Außenstrom nach Gl. (53) muß für den Stofftransport im porösen Gefüge die Bedingung

$$\sum n_j/D_{j_\text{korr}} = 0 \quad \text{bzw.} \quad \sum n_j/\beta_{P_j} = 0 \tag{72}$$

erfüllt sein.

Bei neutralen Gemischkomponenten ist wieder:

$$n_N = 0, \qquad D_{N_\text{korr}} = 0,$$

---

[1] δ_P entspricht der mittleren Eindringtiefe der Reaktanten in einen ebenen Kontaktkörper mit gleicher Porenstruktur.

aber

$$\frac{n_N}{D_{N_{\text{korr}}}} = -\left(\frac{\psi_N}{D_N} \; \frac{\Sigma \dfrac{n_j}{D_j}}{\dfrac{x}{P} + \Sigma \dfrac{\psi_j}{D_j}}\right)_P. \tag{73}$$

2.44 Effektive Geschwindigkeitskonstante

Bei stationärem Reaktionsablauf müssen sich die Molanteile des Gemisches an der inneren und äußeren Oberfläche des Kontaktstoffes so einstellen, daß die Geschwindigkeiten des chemischen Umsatzes und des Stofftransportes übereinstimmen. Die Molanteilsgefälle der Bezugskomponente zwischen Reaktionsort und Gemischkern lassen sich durch die gleichwertigen Beziehungen (42), (48) und (66) beschreiben:

$$\psi_{\mu_0 gl} - \psi_{\mu_0} = \frac{v_0}{k_F} \frac{d\dot{M}_\mu}{dF},$$

$$\psi_{\mu_0} - \psi_{\mu_a} = \frac{v_0}{\beta_P} \frac{d\dot{M}_\mu}{dF},$$

$$\psi_{\mu_a} - \psi_\mu = \frac{v}{\beta} \frac{d\dot{M}_\mu}{dF}.$$

Addiert man diese Beziehungen, so folgt für den Gleichgewichtsabstand der Bezugskomponente im Strömungskern des Gemisches:

$$\psi_{\mu_0 gl} - \psi_\mu = \left(\frac{v}{\beta} \; \frac{v_0}{\beta_P} + \frac{v_0}{k_F}\right)\frac{dM_\mu}{dF}. \tag{74}$$

In der Klammer erscheint der Gesamtwiderstand der Reaktion, der sich additiv aus den Einzelwiderständen ergibt.

$$\frac{v}{\beta} \left[\frac{\text{m}^2\,\text{s}}{\text{kmol}}\right]$$ äußerer Transportwiderstand (zwischen äußerer Kontaktstoffoberfläche und Gemischkern),

$$\frac{v_0}{\beta_P} \left[\frac{\text{m}^2\,\text{s}}{\text{kmol}}\right]$$ innerer Transportwiderstand (im porösen Gefüge),

$$\frac{v_0}{k_F} \left[\frac{\text{m}^2\,\text{s}}{\text{kmol}}\right]$$ chemischer Reaktionswiderstand.

Der innere Transportwiderstand hängt von der äquivalenten Eindringtiefe der Reaktanten ab und ist nach Gl. (68) untrennbar mit dem chemischen Reaktionswiderstand verbunden. Diese beiden Widerstände werden deshalb gewöhnlich zusammengefaßt:

$$\frac{v_0}{\beta_P} + \frac{v_0}{k_F} = \frac{v_0}{\eta\, k_F}. \tag{75}$$

Bei kompakten Kontaktstoffen entfällt der innere Transportwiderstand.

Der Kehrwert des Gesamtwiderstandes

$$k_{\text{eff}} = \frac{1}{\dfrac{v}{\beta} + \dfrac{v_0}{\beta_P} + \dfrac{v_0}{k_F}} \left[\frac{\text{kmol}}{\text{m}^2\,\text{s}}\right] \tag{76}$$

bzw.

$$k_{\text{eff}} = \dfrac{1}{\dfrac{v}{\beta} + \dfrac{v_0}{\eta\, k_F}} \quad \left[\dfrac{\text{kmol}}{\text{m}^2\,\text{s}}\right] \tag{77}$$

wird als effektive Geschwindigkeitskonstante bezeichnet. Mit der effektiven Geschwindigkeitskonstante schreibt sich der zeitliche Umsatz der Bezugskomponente:

$$d\dot{M}_\mu = k_{\text{eff}}(\psi_{\mu_{0gl}} - \psi_\mu)\,dF \quad [\text{kmol/s}]. \tag{78}$$

Diese Gleichung für $d\dot{M}_\mu$ hat den Vorteil, daß in ihr die Molanteile an der inneren und äußeren Kontaktstoffoberfläche nicht erscheinen und offenbar gar nicht bekannt zu sein brauchen. Das gilt streng genommen jedoch nur für volumenbeständige Reaktionen I. Ordnung zwischen Reaktanten mit gleichen, konzentrationsunabhängigen Diffusionskoeffizienten. Im allgemeinen werden die Einzelwiderstände der Reaktion, und damit die effektive Geschwindigkeitskonstante, mehr oder weniger von der Gemischzusammensetzung an der inneren und äußeren Kontaktstoffoberfläche beeinflußt.

Die Berechnung von k_{eff} vereinfacht sich jedoch oft dadurch, daß die Einzelwiderstände untereinander von verschiedener Größenordnung sind.

Bei relativ niedrigen Reaktionstemperaturen (langsamverlaufenden Reaktionen) überwiegt gewöhnlich der chemische Reaktionswiderstand derart, daß der äußere Transportwiderstand demgegenüber vernachlässigt werden darf.

$$\frac{v_0}{\eta\, k_F} \gg \frac{v}{\beta} \approx 0.$$

Bei hohen Reaktionstemperaturen (schnellverlaufenden Reaktionen) hingegen kann u. U. allein der äußere Transportwiderstand geschwindigkeitsbestimmend sein.

$$\frac{v}{\beta} \gg \frac{v_0}{\eta\, k_F} \approx 0.$$

In jedem Falle ist jedoch erst zu prüfen, ob derartige Vernachlässigungen zulässig sind.

2.5 Wärmetransport im Reaktor[1]

Bei exothermen Kontaktreaktionen wird an der Phasengrenzfläche des Reaktionsraumes Wärme frei. Sie muß stetig abgeführt werden, wenn

---

[1] Um die Beschreibung der Wärmetransportvorgänge zu vereinfachen, wird in den folgenden Abschnitten immer nur von exothermen Kontaktreaktionen die Rede sein. Die Ausführungen gelten jedoch ebenso für endotherme Reaktionen. Lediglich die mathematischen Vorzeichen der Temperaturgradienten kehren sich dann (automatisch) um und aus der Wärmeabfuhr wird die Wärmezufuhr, aus dem Kühlsystem das Heizsystem usw.

ein stationärer Reaktionsablauf aufrechterhalten werden soll. Die Phasengrenzfläche ist in der Regel auf viele Kontaktkörper verteilt, die den gesamten Reaktionsraum ausfüllen. Durch die Hohlräume zwischen den einzelnen Kontaktkörpern strömt das Reaktionsgemisch und nimmt einen Teil der Reaktionswärme auf. Geringere Wärmemengen fließen über den Außenmantel des Reaktors an die Umgebung ab. Hat der Reaktionsraum ein eigenes Kühlsystem, so wird der Hauptteil der Reaktionswärme an das Kühlmittel übertragen. Diesen normalerweise quer zur Strömungsrichtung des Gemisches orientierten Wärmetransportvorgängen können sich innerhalb des Kontaktkörperbettes zusätzlich längsgerichtete Wärmeleitvorgänge überlagern.

Die in einem Element des Reaktionsraumes

$$dV_R = f_R\, dx \quad [\mathrm{m^3}], \tag{79}$$

$f_R\ [\mathrm{m^2}]$ Querschnittfläche des Reaktionsraumes,

$x\ [\mathrm{m}]$ Koordinate in Längsrichtung des Reaktionsraumes,

frei werdende Reaktionswärme beträgt:

$$dQ_r = -\boldsymbol{\Sigma}\, d\dot{M}_j\, i_{j_0} \quad [\mathrm{kcal/s}]. \tag{80}$$

$i_{j_0}\ [\mathrm{kcal/kmol}]$ spez. Enthalpie der Gemischkomponente A_j an der Phasengrenzfläche.

Drückt man die zeitlichen Umsätze der einzelnen Reaktionskomponenten jeweils durch den zeitlichen Umsatz der Bezugskomponente aus, so folgt:

$$dQ_r = -\frac{d\dot{M}_\mu}{n_\mu}\,\boldsymbol{\Sigma}\, n_j\, i_{j_0} = -k_{\mathrm{eff}}(\psi_{\mu_{0gl}} - \psi_\mu)\,\frac{\Sigma\, n_j\, i_{j_0}}{n_\mu}\, dF \tag{81}$$

bzw.

$$dQ_r = \frac{d\dot{M}_\mu}{n_\mu}\, q_0 = k_{\mathrm{eff}}(\psi_{\mu_{0gl}} - \psi_\mu)\,\frac{q_0}{n_\mu}\, dF. \tag{82}$$

$q_0 = -\boldsymbol{\Sigma} n_j\, i_{j_0}\ [\mathrm{kcal/kmol}]$ Wärmetönung der Reaktion (bei der Temperatur an der Phasengrenzfläche).

Von der geometrischen Kontaktkörperoberfläche des Raumelementes wird an das Gemisch die Wärmemenge

$$dQ_\alpha = \alpha\,(t_a - t)\, dF \quad [\mathrm{kcal/s}] \tag{83}$$

übertragen.

$\alpha\ [\mathrm{kcal/m^2\ s\ grd}]$ Wärmeübertragungszahl zwischen geometrischer Kontaktkörperoberfläche und Gemisch,

$t_a\ [^\circ\mathrm{C}]$ Querschnittsmittelwert der Temperatur an der geometrischen Kontaktkörperoberfläche,

$t\ [^\circ\mathrm{C}]$ Querschnittsmittelwert der Gemischtemperatur im Strömungskern.

Von der Umgebung wird aus dem Raumelement die Wärmemenge

$$dQ_u = \alpha_u (t_{u_w} - t_u)\, dF_u \quad [\text{kcal/s}] \tag{84}$$

aufgenommen.

F_u [m²]   Außenmantelfläche des Reaktors,

α_u [kcal/m² s grd] Wärmeübertragungszahl zwischen Außenmantel und Umgebung,

t_{u_w} [°C]   Temperatur an der Außenmantelfläche,

t_u [°C]   Umgebungstemperatur.

Aus den längsgerichteten Wärmeleitvorgängen im Kontaktkörperbett des Raumelements resultiert ein Wärmemengenabfluß

$$dQ_\lambda = -\lambda_B f_B \frac{\partial^2 t_B}{\partial x^2}\, dx = -\lambda_B \frac{\partial^2 t_B}{\partial x^2}\, dV_R \quad [\text{kcal/s}]. \tag{85}$$

λ_B [kcal/m s grd] effektive Wärmeleitzahl des Kontaktkörperbettes,

t_B [°C]   Querschnittsmittelwert der Temperatur des Kontaktkörperbettes.

Innerhalb der einzelnen Kontaktkörper stellen sich normalerweise keine merklichen Temperaturunterschiede ein, so daß

$$t_B \approx t_0 \approx t_a$$

gesetzt werden darf.

t_0 [°C]   Querschnittsmittelwert der Temperatur an der Phasengrenzfläche.

An das Kühlmittel wird die Wärmemenge

$$dQ_k = \alpha_k (t_{k_w} - t_k)\, dF_k \quad [\text{kcal/s}] \tag{86}$$

übertragen.

F_k [m²]   vom Kühlmittel benetzte Kühlfläche,

α_k [kcal/m² s grd] Wärmeübertragungszahl zwischen benetzter Kühlfläche und Kühlmittel,

t_{k_w} [°C]   Temperatur an der benetzten Kühlfläche,

t_k [°C]   Temperatur des Kühlmittels.

Gegenüber der Wärmeübertragung an das Gemisch und an das Kühlmittel ist die Wärmeableitung an die Umgebung und die in Längsrichtung des Reaktors von untergeordneter Bedeutung.

Die Wärmeaufnahme des Kühlmittels kann auch durch eine für praktische Rechnungen besser geeignete Wärmedurchgangsgleichung

$$dQ_k = k(t_B - t_k)\, dF \quad [\text{kcal/s}] \tag{87}$$

beschrieben werden.

k [kcal/m² s grd] kühlmittelseitige Wärmedurchgangszahl, bezogen auf die Einheit der geometrischen Oberfläche der Kontaktkörper.

Mit der kühlmittelseitigen Wärmedurchgangszahl k werden alle Wärmetransportwiderstände erfaßt, die zwischen der Kontaktkörperoberfläche und dem Kühlmittel liegen.

Für ebene Reaktionsräume (Abb. 12) gilt:

$$\frac{1}{k} = \left[\frac{1}{\alpha_k} + \left(\frac{\delta_w}{\lambda_w}\right)_k + \frac{\delta_{B_k}}{\lambda_B}\right] \frac{dF}{dF_k} \qquad (88)$$

Kühlmittel-seitiger Wärme-durchgangs-widerstand	Wärmeüber-tragungswider-stand Wand-Kühlmittel	Wärmeleitwider-stand der kühl-mittelseitigen Wand	kühlmittel-seitiger Wärme-leitwiderstand des Kontakt-körperbettes

bezogen auf die Kühlfläche

δ_{w_k} [m]   Dicke der kühlmittelseitigen Wand,

λ_{w_k} [kcal/m s grd] Wärmeleitzahl der kühlmittelseitigen Wand,

δ_{B_k} [m]   äquivalente Schichtdicke des Kontakt-
körperbettes für den
Wärmetransport zum
Kühlmittel.

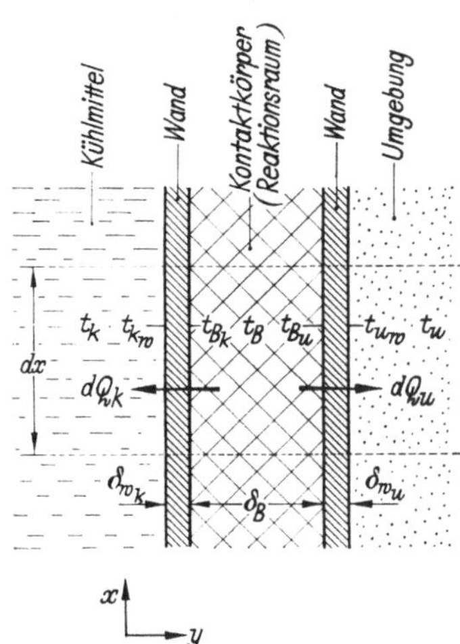

Abb. 12. Ebenes Reaktorelement

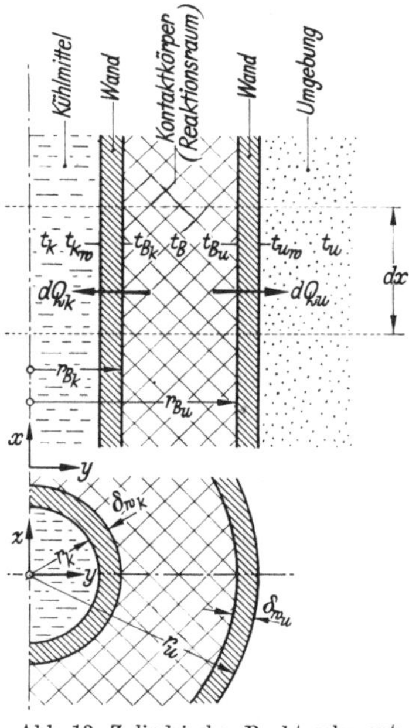

Abb. 13. Zylindrisches Reaktorelement

Bei zylindrischen Reaktionsräumen (Abb. 13) beträgt der kühlmittelseitige Wärmedurchgangswiderstand:

$$\frac{1}{k} = \left[\frac{1}{\alpha_k}\frac{r_{B_k}}{r_k} + \frac{r_{B_k}}{\lambda_{w_k}}\ln\frac{r_{B_k}}{r_k} + \frac{\delta_{B_k}}{\lambda_B}\right]\frac{dF}{dF_{B_k}}. \qquad (89)$$

r_k; r_{B_k} [m]   Rohrradien an der Kühlmittelseite,

F_{B_k} [m²]   Rohrwandfläche am Radius r_{B_k} (Bezugsfläche für die
einzelnen Wärmetransportwiderstände).

2.51 Äquivalente Schichtdicke des Kontaktkörperbettes

Die Transportwege der von der Phasengrenzfläche durch das Kontaktkörperbett an die Kühlwand abgeleiteten Wärmemengen sind unterschiedlich lang, je nachdem, ob ein Reaktionsort in Wandnähe oder tief im Inneren des Kontaktkörperbettes betrachtet wird. Örtlich verschieden groß sind auch die quergerichteten Wärmemengenströme. Das erschwert die Erfassung des für den Temperaturabfall $(t_B - t_{B_k})$ im Kontaktkörperbett verantwortlichen kühlmittelseitigen Wärmeleitwiderstandes, der somit als Integralwert der Wärmeleitwiderstände aller zur Kühlwand fließenden infinitesimalen Wärmemengenströme aufzufassen ist.

Durch Einführung der äquivalenten Schichtdicke δ_{B_k} wurde der kühlmittelseitige Wärmeleitwiderstand eines zunächst beliebig geformten Kontaktkörperbettes gleichgestellt dem Wärmeleitwiderstand einer ebenen Wand (ohne Wärmequellen) mit der Fläche F_{B_k}, der Dicke δ_{B_k} und der Wärmeleitzahl λ_B entsprechend dem Ansatz:

$$dQ_k = \frac{\lambda_B}{\delta_{B_k}} (t_B - t_{B_k}) \, dF_{B_k}, \tag{90}$$

t_{B_k} [°C]   Bettemperatur an der Kühlwand.

Die äquivalente Schichtdicke ist demnach ein Maß für den mittleren Wärmetransportweg im Kontaktkörperbett zwischen Phasengrenzfläche und Kühlwand, bezogen auf ein ebenes System.

Um Aussagen über die äquivalente Schichtdicke zu erhalten, muß die allgemeine Gleichung für stationäre Wärmeleitvorgänge in Körpern mit Wärmequellen auf das Kontaktkörperbett angewendet werden:

$$\frac{\partial^2 \hat{t}_B}{\partial x^2} + \frac{\partial^2 \hat{t}_B}{\partial y^2} + \frac{\partial^2 \hat{t}_B}{\partial z^2} + \frac{q_{V_B}}{\lambda_B} = 0. \tag{91}$$

$\hat{t}_B$ [°C]   örtliche Temperatur des Kontaktkörperbettes,
x; y; z [m]   Ortskoordinaten.

Mit q_{V_B} ist nur der Anteil der pro Zeit- und Volumeneinheit des Reaktionsraumes anfallenden Reaktionswärme einzusetzen, der im Kontaktkörperbett abgeleitet wird:

$$q_{V_B} = q_{V_r} - q_{V_\alpha} \quad [\text{kcal/m}^3\,\text{s}]. \tag{92}$$

Durch den chemischen Umsatz an der Phasengrenzfläche wird pro Zeit- und Volumeneinheit die Reaktionswärme

$$q_{V_r} = -\frac{r_\mu}{n_\mu} \sum n_j \, i_{j_0} = r \, q_0 \quad [\text{kcal/m}^3\,\text{s}], \tag{93}$$

r Äquivalentgeschwindigkeit, q_0 Wärmetönung,

frei.

Davon wird der Anteil

$$q_{V_\alpha} = \alpha\,(t_a - t)\,\frac{dF}{dV_R} \quad [\text{kcal/m}^3\,\text{s}] \tag{94}$$

an das Reaktionsgemisch übertragen.

Die Wärmemenge q_{V_B} hängt von den örtlichen Temperaturen und Übertragungsverhältnissen ab. Um Gl. (91) integrieren zu können, soll mit einem konstanten Querschnittsmittelwert für q_{V_B} gerechnet werden. Das wird für die Erfassung der Wärmeleitwiderstände zulässig sein, zumal man bei guten Reaktorbauarten immer anstrebt, Temperaturunterschiede im Kontaktkörperbett durch konstruktive Maßnahmen klein zu halten.

Ferner soll die Wärmeableitung in Längsrichtung des Bettes gegenüber der gewöhnlich sehr viel größeren Wärmeableitung in Querrichtung vernachlässigt, also $\partial^2 t_B/\partial x^2 \approx 0$ gesetzt werden. Diese Annahme besagt noch nicht, daß keine merklichen Wärmemengen in x-Richtung fließen dürfen. Vielmehr müssen die durch den Eintrittsquerschnitt des betrachteten Raumelements einströmenden Wärmeleitmengen etwa gleich groß sein den durch den Austrittsquerschnitt ausströmenden; d. h. das Temperaturfeld des Reaktorbettes darf in x-Richtung nicht sehr stark gekrümmt sein[1].

2. 511 Ebene Kontaktkörperschichten. Bei einer ebenen Kontaktkörperschicht herrschen in z-Richtung (Tiefenrichtung) überall gleiche Verhältnisse; es gilt also:

$$\frac{\partial^2 \hat{t}_B}{\partial z^2} = 0\,.$$

Mit der Annahme $\partial^2 \hat{t}_B/\partial x^2 \approx 0$ geht Gl. (91) in die eindimensionale Form über:

$$\frac{d^2 \hat{t}_B}{dy^2} + \frac{q_{V_B}}{\lambda_B} = 0\,. \tag{95}$$

Durch Integration erhält man für den Temperaturgradienten $d\hat{t}_B/dy$ und die örtliche Bettemperatur $\hat{t}_B$ die allgemeinen Beziehungen:

$$\frac{d\hat{t}_B}{dy} = -\frac{q_{V_B}}{\lambda_B}\,y + C_1\,,$$

$$\hat{t}_B = -\frac{q_{V_B}}{\lambda_B}\,\frac{y^2}{2} + C_1\,y + C_2\,.$$

---

[1] Eine merkliche Wärmeableitung in Längsrichtung des Reaktors kann trotz Vernachlässigung des Gliedes $\partial^2 \hat{t}_B/\partial x^2$ in Gl. (91) angenähert dadurch berücksichtigt werden, daß man für q_{V_B} den Wert

$$q_{V_{B_\text{quer}}} = q_{V_r} - q_{V_\alpha} - q_{V_\lambda}$$

einführt.

$$q_{V_\lambda} = -\lambda_B\,\frac{\partial^2 t_B}{\partial x^2}\,.$$

Mit den Randbedingungen (Abb. 14)

$$y = 0: \quad \left(\frac{d\hat{t}_B}{dy}\right)_k = \frac{1}{\lambda_B}\,\frac{dQ_k}{dF_{B_k}}, \tag{96}$$

$$y = \delta_B: \quad \left(\frac{d\hat{t}_B}{dy}\right)_u = -\frac{1}{\lambda_B}\,\frac{dQ_u}{dF_{B_u}}, \tag{97}$$

$$F_{B_k} = F_{B_v},$$

folgt für die Konstanten:

$$C_1 = \frac{q_{v_B}}{\lambda_B}\,\frac{\delta_B}{1+\varepsilon_q},$$

$$C_2 = t_{B_k} = \text{Bettemperatur an der Kühlwand.}$$

ε_q ist das Verhältnis der an die Umgebung und an das Kühlmittel abgeführten Wärmemengen:

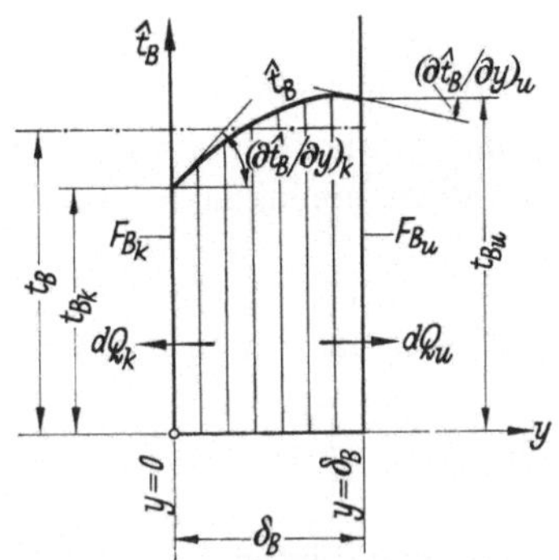

Abb. 14. Temperaturprofil einer ebenen Kontaktkörperschicht

$$\varepsilon_q = \frac{dQ_u}{dQ_k}. \tag{98}$$

Schließlich ergibt sich für das Temperaturprofil des Kontaktkörperbettes in einem Querschnitt:

$$\frac{d\hat{t}_B}{dy} = -\frac{q_{v_B}}{\lambda_B}\left[y - \frac{\delta_B}{1+\varepsilon_q}\right], \tag{99}$$

$$\hat{t}_B - t_{B_k} = -\frac{q_{v_B}}{\lambda_B}\left[\frac{y^2}{2} - \frac{\delta_B}{1+\varepsilon_q}\,y\right]. \tag{100}$$

Mit Hilfe dieser Beziehungen kann der mittlere Temperaturabfall $t_B - t_{B_k}$ im Kontaktkörperbett berechnet werden. Die Temperatur t_B wird als der Flächenmittelwert der Bettemperatur im betrachteten Reaktorquerschnitt definiert:

$$t_B = \frac{1}{\delta_B}\int_0^{\delta_B} \hat{t}_B\,dy. \tag{101}$$

Die Integration der Definitionsgleichung liefert:

$$t_B - t_{B_k} = -\frac{q_{v_B}}{\lambda_B}\,\frac{\delta_B^2}{2}\left[\frac{1}{3} - \frac{1}{\varepsilon_q+1}\right]. \tag{102}$$

Gl. (90) erhält dann für eine ebene Kontaktkörperschicht die Form:

$$dQ_k = -\frac{q_{v_B}}{\delta_{B_k}}\,\frac{\delta_B^2}{2}\left[\frac{1}{3} - \frac{1}{\varepsilon_q+1}\right]dF_{B_k}. \tag{103}$$

Ebenso gilt für die Wärmeableitung an das Kühlmittel:

$$dQ_k = \lambda_B \left(\frac{d\hat{t}_B}{dy}\right)_k dF_{B_k} = q_{v_B} \frac{\delta_B}{1+\varepsilon_q} dF_{B_k}. \qquad (104)$$

Aus der Gegenüberstellung dieser beiden Gleichungen folgt für die äquivalente Schichtdicke die einfache Beziehung:

$$\delta_{B_k} = \frac{\delta_B}{3}\left(1 - \frac{\varepsilon_q}{2}\right). \qquad (105)$$

Im allgemeinen ist die an die Umgebung übertragene Wärmemenge sehr viel kleiner als die an das Kühlmittel abgeführte. Es genügt daher das Wärmemengenverhältnis

$$\varepsilon_q \ll 1$$

zu schätzen[1].

Oft wird man auch

$$\frac{\varepsilon_q}{2} \approx 0$$

und

$$\delta_{B_k} \approx \frac{1}{3}\,\delta_B \qquad (106)$$

annehmen dürfen.

Die Reaktionsgeschwindigkeit hat keinen Einfluß auf die äquivalente Schichtdicke; der Zahlenwert der Wärmemenge q_{v_B} braucht daher hier gar nicht bekannt zu sein.

2.512 Zylindrische Kontaktkörperschichten. Die Reaktionsräume technischer Reaktoren haben fast ausnahmslos zylindrische Formen, wobei neben Vollzylindern auch Hohlzylinder anzutreffen sind. Es soll daher hier der allgemeinere Fall des stationären Wärmeleitvorganges in einem Hohlzylinder mit Wärmequellen behandelt werden. Die Wärmeabfuhr möge durch beide Zylinderflächen erfolgen. Mit Zylinderkoordinaten (r, x, φ) schreibt sich Gl. (91):

$$\frac{\partial^2 \hat{t}_B}{\partial r^2} + \frac{1}{r}\frac{\partial \hat{t}_B}{\partial r} + \frac{1}{r^2}\frac{\partial^2 \hat{t}_B}{\partial \varphi^2} + \frac{\partial^2 \hat{t}_B}{\partial x^2} + \frac{q_{v_B}}{\lambda_B} = 0. \qquad (107)$$

Bei gleichmäßig über dem Umfang verteilter Wärmeabfuhr muß an jedem Radius r der Temperaturgradient

$$\frac{\partial \hat{t}_B}{\partial \varphi} = 0$$

und somit auch $\partial^2 \hat{t}_B / \partial \varphi^2 = 0$ sein.

Vernachlässigt man, wie vereinbart, die Wärmeableitung in Längsrichtung (axialer Richtung),

$$\frac{\partial^2 t_B}{\partial x^2} \approx 0,$$

---

[1] Bei einer genaueren Berechnung der Wärmeableitung an die Umgebung kann ebenso verfahren werden, wie bei der Berechnung der Wärmeableitung an das Kühlmittel.

so geht Gl. (91) auch hier in eine eindimensionale Form über:

$$\frac{d^2\hat{t}_B}{dr^2} + \frac{1}{r}\frac{d\hat{t}_B}{dr} + \frac{q_{v_B}}{\lambda_B} = 0. \tag{108}$$

Die Integration dieser Gleichung über den Zwischenschritt

$$\int d\left(\frac{d\hat{t}_B}{dr}\cdot r\right) = -\frac{q_{v_B}}{\lambda_B}\int r\,dr$$

führt zu den allgemeinen Lösungen:

$$\frac{d\hat{t}_B}{dr} = -\frac{q_{v_B}}{\lambda_B}\frac{r}{2} + \frac{C_1}{r},$$

$$\hat{t}_B = -\frac{q_{v_B}}{\lambda_B}\frac{r^2}{4} + C_1\ln r + C_2.$$

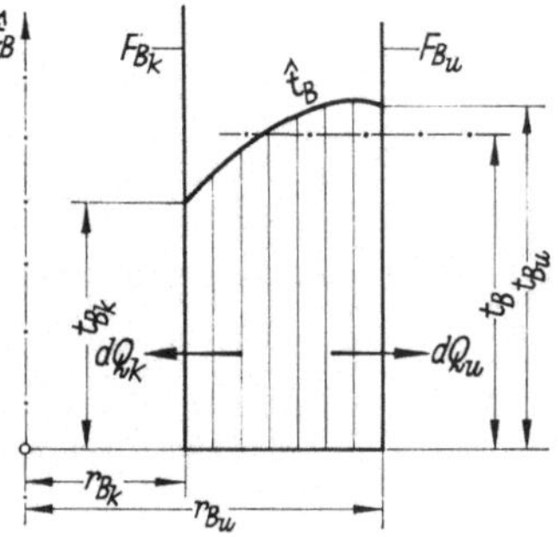

Abb. 15. Temperaturprofil einer zylindrischen Kontaktkörperschicht

Aus den Randbedingungen (Abb. 15)

$$r = r_{B_k}: \quad \left(\frac{d\hat{t}_B}{dr}\right)_k = \frac{1}{\lambda_B}\frac{dQ_k}{dF_{B_k}}, \tag{109}$$

$$dF_{B_k} = 2\pi\,r_{B_k}\,dx,$$

$$r = r_{B_u}: \quad \left(\frac{d\hat{t}_B}{dr}\right)_u = -\frac{1}{\lambda_B}\frac{dQ_u}{dF_{B_u}}, \tag{110}$$

$$dF_{B_u} = 2\pi\,r_{B_u}\,dx,$$

ergeben sich die Integrationskonstanten zu:

$$C_1 = \frac{q_{v_B}}{\lambda_B}\frac{r_{B_k}^2}{2}\frac{\left(\dfrac{r_{B_u}}{r_{B_k}}\right)^2 + \varepsilon_q}{1 + \varepsilon_q},$$

$$C_2 = \frac{q_{v_B}}{\lambda_B}\frac{r_{B_k}^2}{2}\left[\frac{1}{2} - \frac{\left(\dfrac{r_{B_u}}{r_{B_k}}\right)^2 + \varepsilon_q}{1 + \varepsilon_q}\ln r_{B_k}\right] + t_{B_k}.$$

Nach Einführung der Beziehungen für die Konstanten folgt für das Temperaturprofil in einem Querschnitt des zylindrischen Kontaktkörperbettes:

$$\frac{d\hat{t}_B}{dr} = -\frac{q_{v_B}}{\lambda_B}\frac{r_{B_k}}{2}\left[\frac{r}{r_{B_k}} - \frac{\left(\dfrac{r_{B_u}}{r_{B_k}}\right)^2 + \varepsilon_q}{\dfrac{r}{r_{B_k}}(1 + \varepsilon_q)}\right], \tag{111}$$

$$\hat{t}_B - t_{B_k} = -\frac{q_{v_B}}{\lambda_B}\frac{r_{B_k}^2}{2}\left\{\frac{1}{2}\left[\left(\frac{r}{r_{B_k}}\right)^2 - 1\right] - \frac{\left(\dfrac{r_{B_u}}{r_{B_k}}\right)^2 + \varepsilon_q}{1 + \varepsilon_q}\ln\frac{r}{r_{B_k}}\right\}. \tag{112}$$

Der Querschnittsmittelwert der Bettemperatur wird definiert durch die Beziehung:

$$t_B = \frac{1}{f_B} \int\limits_{r_{B_k}}^{r_{B_u}} \hat{t}_B \, df_B, \tag{113}$$

$$
\begin{aligned}
f_B &= \pi\,(r_{B_u}^2 - r_{B_k}^2) && \text{Querschnittsfläche des Bettes,} \\
df_B &= 2\,\pi\,r\,dr && \text{Ringflächenelement.}
\end{aligned}
$$

Für die örtliche Bettemperatur wird die vorstehende Beziehung eingesetzt. Die Integration ergibt:

$$t_B - t_{B_k} = -\,\frac{q_{V_B}}{\lambda_B}\,\frac{r_{B_k}^2}{2}\left|\frac{\left(\dfrac{r_{B_u}}{r_{B_k}}\right)^2 - 1}{4} - \frac{\left(\dfrac{r_{B_u}}{r_{B_k}}\right)^2 + \varepsilon_q}{1+\varepsilon_q}\left[\frac{\left(\dfrac{r_{B_u}}{r_{B_k}}\right)^2}{\left(\dfrac{r_{B_u}}{r_{B_k}}\right)^2 - 1}\ln\frac{r_{B_u}}{r_{B_k}} - \frac{1}{2}\right]\right|. \tag{114}$$

Mit diesem Ausdruck für den radialen Temperaturabfall im Kontaktkörperbett erhält Gl. (90) die Form:

$$dQ_k = -\,\frac{q_{V_B}}{\delta_{B_k}}\,\frac{r_{B_k}^2}{2}\left|\frac{\left(\dfrac{r_{B_u}}{r_{B_k}}\right)^2 - 1}{4} - \frac{\left(\dfrac{r_{B_u}}{r_{B_k}}\right)^2 + \varepsilon_q}{1+\varepsilon_q}\left[\frac{\left(\dfrac{r_{B_u}}{r_{B_k}}\right)^2}{\left(\dfrac{r_{B_u}}{r_{B_k}}\right)^2 - 1}\ln\frac{r_{B_u}}{r_{B_k}} - \frac{1}{2}\right]\right|\,dF_1 \tag{115}$$

Andererseits kann die Wärmeableitung an das Kühlmittel beschrieben werden durch:

$$dQ_k = \lambda_B\left(\frac{dt_B}{dr}\right)_k dF_{B_k} = -\,q_{V_B}\frac{r_{B_k}}{2}\left[1 - \frac{\left(\dfrac{r_{B_u}}{r_{B_k}}\right)^2 + \varepsilon_q}{1+\varepsilon_q}\right]dF_{B_k}. \tag{116}$$

Die beiden Gleichungen werden wieder einander gegenübergestellt, und es folgt für die äquivalente Schichtdicke eines zylindrischen Kontaktkörperbettes:

$$\delta_{B_k} = r_{B_k}\,\frac{\dfrac{\left(\dfrac{r_{B_u}}{r_{B_k}}\right)^2 - 1}{4} - \dfrac{\left(\dfrac{r_{B_u}}{r_{B_k}}\right)^2 + \varepsilon_q}{1+\varepsilon_q}\left|\dfrac{\left(\dfrac{r_{B_u}}{r_{B_k}}\right)^2}{\left(\dfrac{r_{B_u}}{r_{B_k}}\right)^2 - 1}\ln\dfrac{r_{B_u}}{r_{B_k}} - \dfrac{1}{2}\right|}{1 - \dfrac{\left(\dfrac{r_{B_u}}{r_{B_k}}\right)^2 + \varepsilon_q}{1+\varepsilon_q}}. \tag{117}$$

Die äquivalente Schichtdicke hängt auch hier nur von den geometrischen Abmessungen des Bettes und dem Wärmemengenverhältnis ε_q ab, dagegen nicht von der Reaktionsgeschwindigkeit.

Zur bequemeren Erfassung von δ_{BK} wurde der dimensionslose Ausdruck

$$\frac{\delta_{B_k}}{r_{B_k}} = f\left(\frac{r_{B_u}}{r_{B_k}},\ \varepsilon_q\right)$$

in Abb. 16 aufgetragen. Man erkennt, daß Wärmeverluste des Reaktors den kühlmittelseitigen Wärmetransportwiderstand nicht sehr stark beeinflussen

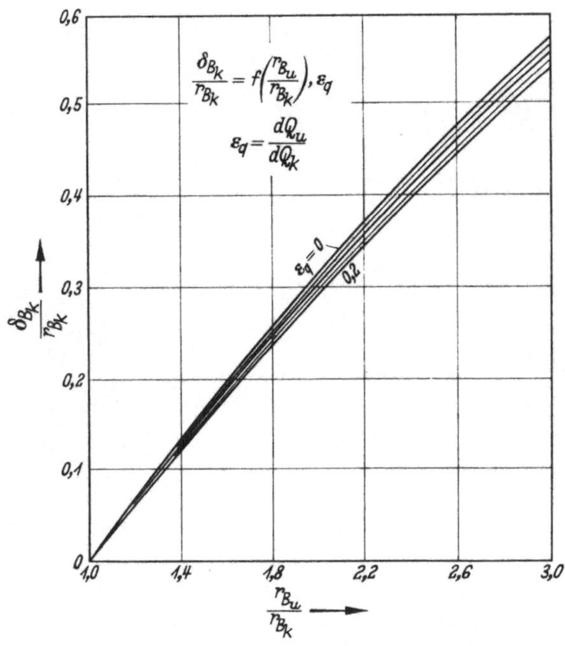

Abb. 16. Äquivalente Schichtdicke zylindrischer Kontaktkörperschichten

Bei vielen Reaktorbauarten wird das Kühlmittel durch ein System paralleler Rohre geleitet, welches in das Kontaktkörperbett eingelassen ist. Auf jedes Rohr entfällt dann eine bestimmte Kühlzone. In Abb. 17 wurden die Kühlzonen der einzelnen Rohre durch punktierte Linien abgegrenzt. Vernachlässigt man die in dieser Anordnung relativ geringen Wärmeverluste am Außenmantel des Reaktors, so können in den Kühlzonenabgrenzungen aus Symmetriegründen radial keine Wärmemengen fließen. Der gesamte Reaktor kann dann als ein System parallelgeschalteter Einzelreaktoren angesehen werden. Jeder Einzelreaktor ist nach außen vollkommen isoliert und hat die Abmessungen der Kühlzone des zugehörigen Kühlrohres.

Zur einfacheren Berechnung wird die polygonförmige Querschnittsfläche der Kühlzone — bei gegeneinander versetzten Rohren ist es eine Sechseckfläche — durch eine flächengleiche Kreisfläche mit dem Radius r_{B_u}

ersetzt. Die äquivalente Schichtdicke der Kontaktkörperschüttung folgt dann als Sonderfall $\varepsilon_q = 0$ der Beziehung (117) zu:

$$\delta_{B_k} = r_{B_k} \frac{\dfrac{\left(\dfrac{r_{B_u}}{r_{B_k}}\right)^2 - 1}{4} - \left(\dfrac{r_{B_u}}{r_{B_k}}\right)^2 \left[\dfrac{\left(\dfrac{r_{B_u}}{r_{B_k}}\right)^2}{\left(\dfrac{r_{B_u}}{r_{B_k}}\right)^2 - 1} \ln \dfrac{r_{B_u}}{r_{B_k}} - \dfrac{1}{2}\right]}{1 - \left(\dfrac{r_{B_u}}{r_{B_k}}\right)^2} \tag{118}$$

und kann ebenfalls aus Abb. 16 abgelesen werden.

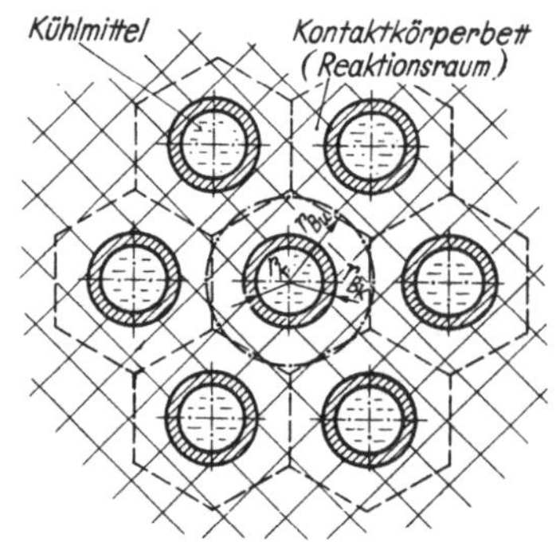

Abb. 17. Kühlsystem

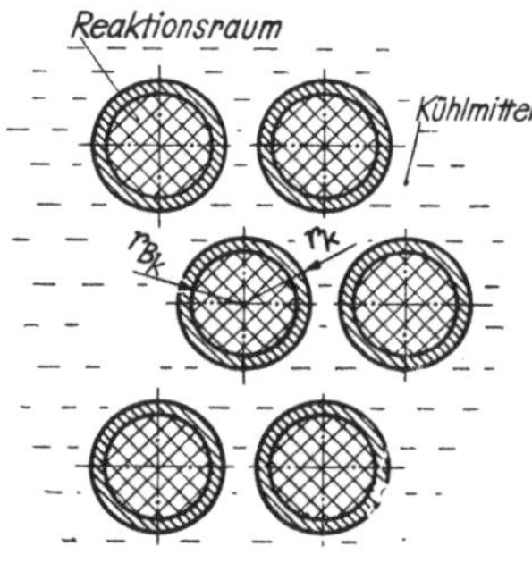

Abb. 18. Kühlsystem

Bei anderen Bauarten gekühlter Reaktoren ist das Rohrinnere als Reaktionsraum ausgebildet, während das Kühlmittel außen um die Rohre strömt (Abb. 18).

Für das jetzt vollzylindrische Kontaktkörperbett beträgt die äquivalente Schichtdicke:

$$\delta_{B_k} = \frac{1}{4} r_{B_k}. \tag{119}$$

Diese Beziehung ergibt sich unmittelbar als Grenzfall $r_{B_u} = 0$ der Gl. (118). Dabei ist ein Vorzeichenwechsel zu beachten, der dadurch zustande kommt, daß die Wärmemenge Q_k jetzt positiv gezählt wird, wenn sie in Richtung der Ortskoordinate r strömt. Gl. (109) muß also geschrieben werden:

$$dQ_k = -\lambda_B \left(\frac{d\hat{t}_B}{dr}\right)_k dF_{B_k} = q_{V_B} \frac{r_{B_k}}{2} dF_{B_k}. \tag{120}$$

2.6 Darstellung des Reaktionsablaufes im i, ψ-Diagramm

Nachdem in den vorhergehenden Abschnitten die grundlegenden Gesetze der chemischen Reaktionskinetik und des Stoff- und Wärmetransportes im Reaktor behandelt worden sind, soll nun untersucht werden, welche Gemischzustände sich örtlich an der inneren und äußeren Kontaktkörperoberfläche einstellen müssen, und welche Zustandsänderungen das Gemisch beim Durchstreichen des Reaktionsraumes erfährt.

Da sich im technischen Reaktor neben den Reaktionsbedingungen auch die physikalischen und chemischen Daten der beteiligten Stoffe, und mit ihnen die einzelnen Reaktionswiderstände, von Querschnitt zu Querschnitt ändern, ist eine erschöpfende rein rechnerische Behandlung des Gesamtablaufes der Reaktion im allgemeinen nicht möglich.

Es soll hier ein Lösungsweg beschritten werden, der sich auf die graphische Abbildung der örtlichen Bilanzgleichungen des Reaktionsraumes stützt und den wechselnden Verhältnissen im Rektor gerecht wird.

Die Grundlage zu diesem Verfahren bildet das i, ψ-Diagramm der betreffenden Reaktion. Das i, ψ-Diagramm enthält schon die Lösungen für den Reaktionsablauf. Sie brauchen nur durch geeignete, die Wärme- und Stoffbilanzen befriedigende Linienzüge aufgesucht zu werden. Alle energetischen Rechnungen sind mit der Aufstellung des Diagrammes vorweggenommen worden.

2.61 Ungekühlter Reaktionsraum

2.611 Gemischzustände und zugeordnetes Phasengleichgewicht am Kontaktstoff. Durch ein Element eines mit porösen Kontaktkörpern ausgefüllten Reaktionsraumes ströme ein Reaktionsgemisch bekannter reduzierter Zusammensetzung, dessen örtliche Zusammensetzung durch den Molanteil ψ_μ der Bezugskomponente und dessen Temperatur durch t angegeben werde. An der geometrischen Oberfläche der Kontaktkörper habe sich der Gemischzustand (t_a, ψ_{μ_a}) und an der Phasengrenzfläche der Gemischzustand (t_0, ψ_{μ_0}) eingestellt. Der Reaktionstemperatur t_0 entspreche ein Gleichgewichtsmolanteil $\psi_{\mu_{0gl}}$ des Grenzflächengemisches.

Von der an der Phasengrenze des Raumelements freiwerdenden Reaktionswärme dQ_r wird ein Teil dQ_α an das strömende Gemisch, ein Teil dQ_u an die Umgebung übertragen. Außerdem fließe durch axiale Wärmeleitung ein Teil dQ_λ in benachbarte Raumelemente ab.

Die Reaktionswärme entstammt der chemischen Energie der Reaktionspartner und muß bei reinen Gasreaktionen allein vom Gemisch aufgebracht werden.

In das Raumelement des Reaktors werde eine Bilanzhülle derart hineingelegt, daß sie nur die porösen Kontaktkörper, nicht aber die durch Hohlräume zwischen den Kontaktkörpern gebildeten Strömungskanäle des Gemisches einschließt.

In Abb. 19 wurden die einzelnen Strömungskanäle schematisch zu einem Gemischraum zusammengefaßt, an den sich lückenfrei die Kontaktkörper anlagern.

Die Wärmebilanz des umhüllten Kontaktkörperelements lautet:

$$dQ_r = dQ_\alpha + dQ_u + dQ_\lambda \quad [\text{kcal/s}]. \tag{121}$$

Multipliziert man die einzelnen Glieder der Bilanzgleichung mit dem Faktor $C_p/\alpha\, dF$, so erhält man spezifische Vergleichwerte für die Wärmemengenströme, die sich im i, ψ-Diagramm als Ordinatendifferenzen abbilden lassen:

$$q_r = \frac{C_p}{\alpha}\,\frac{dQ_r}{dF} = \Lambda\,(\psi_{\mu_{0gl}} - \psi_\mu)\,\frac{q_0}{n_\mu}, \tag{122}$$

$$q_\alpha = \frac{C_p}{\alpha}\,\frac{dQ_\alpha}{dF} = c_p(t_a - t), \tag{123}$$

$$q_u = \frac{C_p}{\alpha}\,\frac{dQ_u}{dF} = -c_p\,\frac{\alpha_u}{\alpha}\,\frac{dF_u}{dF}\,(t_{u_w} - t_u), \tag{124}$$

$$q_\lambda = \frac{C_p}{\alpha}\,\frac{dQ_\lambda}{dF} = -c_p\,\frac{\lambda_B}{\alpha}\,\frac{\partial^2 t_B}{\partial x^2}\,\frac{dV_R}{dF}, \tag{125}$$

C_p [kcal/kmol grd] Molwärme des Gemisches im Strömungskern.

In Gl. (122) wurde ein dimensionsloser Geschwindigkeitsfaktor Λ eingeführt, der wie folgt definiert ist:

$$\Lambda = \frac{C_p \cdot k_{\text{eff}}}{\alpha}. \tag{126}$$

Mit den spezifischen Vergleichswerten (Diagrammwerten) für die einzelnen Wärmemengen schreibt sich die Wärmebilanz:

$$q_r = q_\alpha + q_u + q_\lambda \quad [\text{kcal/kmol}]. \tag{127}$$

In erster Näherung stellen sich die Gemischzustände an der inneren und äußeren Kontaktkörperoberfläche eines ungekühlten Reaktionsraumes so ein, daß $q_r \approx q_\alpha$ wird.

Die Wärmemengen q_u und q_λ haben in der Bilanzgleichung nur die Bedeutung von Korrekturgliedern. Für technische Rechnungen wird es im allgemeinen genügen, ihre Werte abzuschätzen oder gegenüber q_α zu vernachlässigen.

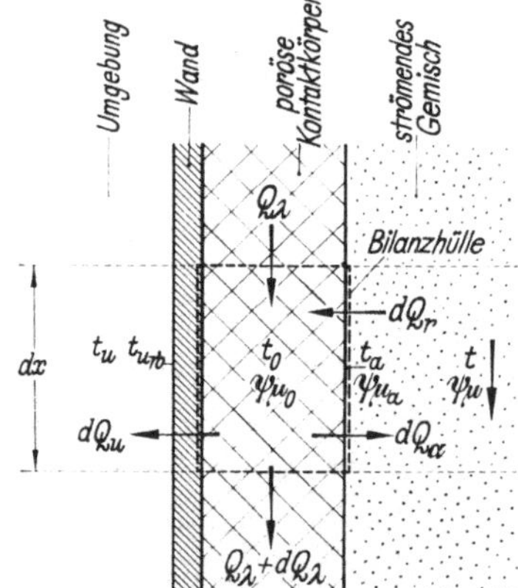

Abb. 19. Reaktorelement (schematisch)

Auf die genauere Berechnung von q_λ wird später eingegangen. Hier soll zunächst einmal angenommen werden, die Werte von q_u und q_λ seien bekannt.

Führt man in die Bilanzgleichung für q_r und q_α die Beziehungen (122) und (123) ein, so folgt:

$$\Lambda\,(\psi_{\mu_{o_{gl}}} - \psi_\mu)\,\frac{q_0}{n_\mu} = C_p\,(t_a - t) + q_u + q_\lambda. \tag{128}$$

In dieser Form läßt sich die Bilanzgleichung im i, ψ-Diagramm geometrisch abbilden, wie Abb. 20 zeigt.

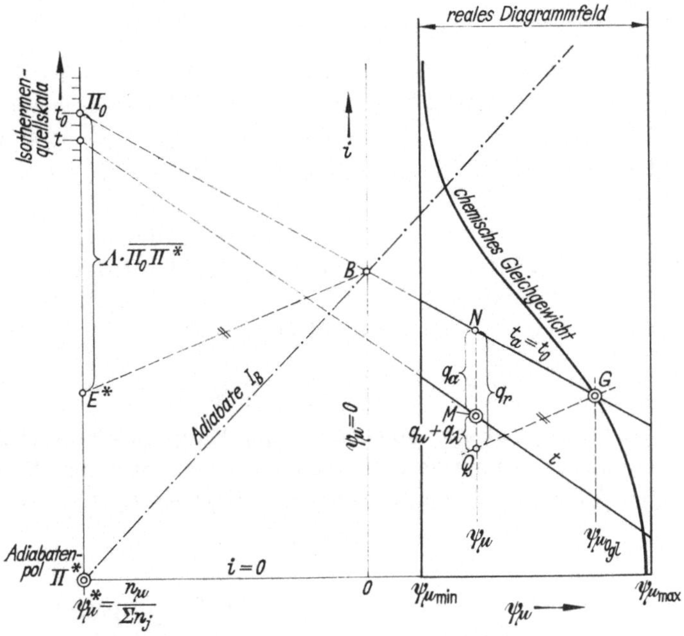

Abb. 20. Hauptgleichung des ungekühlten Reaktors

Die Gl. (128) soll als Hauptgleichung für den ungekühlten Reaktor bezeichnet werden.

Der Zustand des Gemisches im Strömungskern wird im Diagramm durch den Punkt $M\,(t, \psi_\mu)$ gekennzeichnet. An der Phasengrenzfläche herrscht die Reaktionstemperatur t_0. Dem Grenzflächengemisch kann der Gleichgewichtszustand $G\,(t_0,\ \psi_{\mu_{o_{gl}}})$ zugeordnet werden, der sich als Schnittpunkt der Diagrammisotherme t_0 mit der Gleichgewichtslinie ergibt.

Zu beachten ist, daß sich an der Phasengrenzfläche wegen der chemischen Reaktionshemmungen tatsächlich kein chemisches Gleichgewicht einstellt. — Nur bei sehr schnell verlaufenden Reaktionen kann mit der Gleichgewichtseinstellung gerechnet werden. — Das dem Grenzflächenzustand zugeordnete chemische Gleichgewicht dient lediglich zur Erfassung des örtlichen Gleichgewichtsabstandes der Reaktion.

Die Wärmemenge q_α der Hauptgleichung erscheint im i, ψ-Diagramm als Streckenabschnitt auf der Ordinate ψ_μ zwischen den Isothermen t_a und t.

$$q_\alpha = C_p(t_a - t) = \overline{NM}.$$

Trägt man auf der gleichen Ordinate vom Gemischpunkt M aus die Wärmemengensumme $(q_u + q_\lambda)$ vorzeichenrichtig ab, so gilt für die rechte Seite der Bilanzgleichung:

$$q_\alpha + q_u + q_\lambda = \overline{NQ}.$$

Hat die Wärmemengensumme $(q_u + q_\lambda)$ das gleiche Vorzeichen wie q_α, so wird $\overline{NQ} > \overline{NM}$ und Punkt Q liegt außerhalb $\overline{NM}$. Unterscheiden sich dagegen die Vorzeichen von $(q_u + q_\lambda)$ und q_α, so wird $\overline{NQ} < \overline{NM}$ und Punkt Q fällt zwischen die Punkte M und N. Beide Fälle können auftreten.

Die verlängerte Isotherme t_0 schneidet die Ordinatenachse $\psi_\mu = 0$ im Punkt B und mündet in den Richtpunkt $\Pi_0(t_0)$ der Isothermenquellskala (auf der Ordinate $\psi_\mu^* = n_\mu/\Sigma\, n_j$). Nach den Ausführungen in Abschn. 2.21 gilt für die Lage des Richtpunktes Π_0:

$$\overline{\Pi_0\Pi^*} = \frac{\Sigma\, n_j\, i_{j_0}}{\Sigma\, n_j} = -\frac{q_0}{\Sigma\, n_j}.$$

Der Faktor q_0/n_μ auf der linken Seite der Hauptgleichung (128) ist demnach offenbar das relative Steigungsmaß einer durch den Punkt B verlaufenden Adiabaten I_B gegenüber der Isothermen t_0.

$$\frac{q_0}{n_\mu} = \frac{q_0/\Sigma\, n_j}{n_\mu/\Sigma\, n_j}.$$

Dieses Steigungsmaß muß noch mit dem Faktor Λ multipliziert werden. Dazu teilt man auf der Ordinate ψ_μ^* die Strecke $\overline{\Pi_0\,\Pi^*}$ im Verhältnis

$$\frac{\overline{\Pi_0\,\Pi^*}}{\overline{\Pi_0\,E^*}} = \frac{1}{\Lambda}$$

und kann dann eine Verbindungsgerade $\overline{E^*\,B}$ ziehen, die gegenüber der Isothermen t_0 das relative Steigungsmaß

$$\Lambda\,\frac{q_0}{n_\mu} = \frac{\Lambda \cdot q_0/\Sigma\, n_j}{n_\mu/\Sigma\, n_j}$$

besitzt. Eine Parallele zur Geraden $\overline{E^*\,B}$ durch den Gleichgewichtspunkt G muß gegenüber der Isothermen t_0 auf der Ordinate ψ_μ um

$$\Lambda\,\frac{q_0}{n_\mu}\,(\psi_{\mu_{0gl}} - \psi_\mu) = q_r$$

angestiegen sein und den Punkt Q durchlaufen. Denn die Bilanzgleichung ist nur für

$$q_r = \overline{QN}$$

erfüllt.

Bei der geometrischen Darstellung der Hauptgleichung in Abb. 20 wurde

$$t_a = t_0$$

angenommen, was wohl immer zulässig ist. Die in technischen Reaktoren verwendeten Kontaktkörper haben gewöhnlich kleine Abmessungen und ein relativ gutes Wärmeleitvermögen. Merkliche Temperaturunterschiede werden sich daher im Inneren der Kontaktkörper nicht ausbilden. Auch bei schnellverlaufenden Reaktionen mit stärkerem Wärmeumsatz ändert sich daran nichts, da diese Reaktionen nach Gl. (68) vorwiegend an der äußeren Oberfläche der Kontaktkörper ablaufen[1]. Es sei jedoch erwähnt, daß sich die Hauptgleichung auch für den Fall $t_a \neq t_0$ exakt abbilden läßt.

Einfache i, ψ-Diagramme haben im allgemeinen keine Isothermenquellskala. Diese Skala könnte nachträglich durch Verlängerung der Isothermen bis zur Ordinate ψ_μ^* eingezeichnet und die Bilanzgleichung in der beschriebenen Weise abgebildet werden.

Man kommt jedoch auch ohne diese Skala aus, wie Abb. 21 zeigt. Wichtig ist nur, eine Gerade so durch den Gleichgewichtspunkt G zu legen, daß sie gegenüber der Isothermen t_0 um das Maß $\Lambda\, q_0/n_\mu$ geneigt ist. Da die durch den Punkt B[2] gehende Adiabate I_B gegenüber der Isothermen t_0 immer um q_0/n_μ geneigt sein muß, braucht man lediglich deren relativen Anstieg um den Faktor Λ zu verändern,

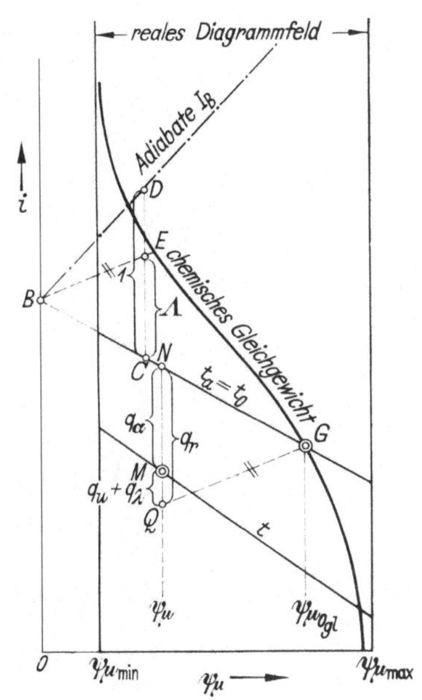

Abb. 21. Hauptgleichung des ungekühlten Reaktors

$$\frac{\overline{DC}}{\overline{EC}} = \frac{1}{\Lambda},$$

und erhält die Gerade $\overline{BE}$ mit der gewünschten Neigung. Diese Gerade wird wieder in den Gleichgewichtspunkt G parallelverschoben.

Neben dem zugeordneten Gleichgewichtszustand G des Grenzflächengemisches interessiert noch der tatsächliche Zustand 0 des Grenz-

---

[1] Eine Ausnahme liegt vor, wenn bei alternden Kontakten die Aktivität in den äußeren Schichten stark nachläßt.

[2] Zu beachten ist, daß die Ordinatenachse $\psi_\mu = 0$ nicht immer das reale Diagrammfeld begrenzt.

4*

flächengemisches und der Gemischzustand A an der geometrischen Oberfläche der Kontaktkörper.

Der Zustand 0 (t_0, ψ_{μ_0}) des Grenzflächengemisches muß im i, ψ-Diagramm auf der Isothermen t_0, der Gemischzustand A (t_a, ψ_{μ_a}) auf der Isothermen t_a liegen (wobei hier wieder $t_a = t_0$ angenommen werden soll, Abb. 22). Weiter müssen sich nach den Ausführungen in Abschn. 2.44 die Molanteilsgefälle senkrecht zur Kontaktstoffoberfläche zueinander verhalten, wie die zugehörigen Reaktions- bzw. Stofftransportwiderstände. Unter anderem gilt:

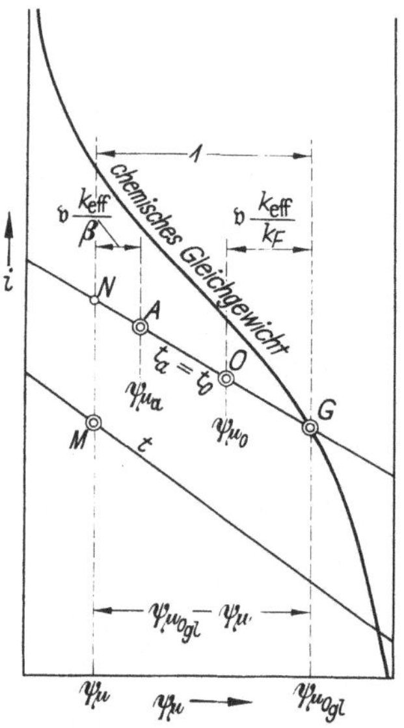

Abb. 22. Gemischzustände an der inneren und äußeren Kontaktstoffoberfläche

$$\frac{\psi_{\mu_{0gl}} - \psi_{\mu_0}}{\psi_{\mu_{0gl}} - \psi_\mu} = \frac{\mathfrak{v}_0/k_F}{1/k_{\text{eff}}} = \mathfrak{v}_0 \frac{k_{\text{eff}}}{k_F}, \qquad (129)$$

$$\frac{\psi_{\mu_a} - \psi_\mu}{\psi_{\mu_{0gl}} - \psi_\mu} = \frac{\mathfrak{v}/\beta}{1/k_{\text{eff}}} = \mathfrak{v}\,\frac{k_{\text{eff}}}{\beta}. \qquad (130)$$

Man braucht demnach im i, ψ-Diagramm den Gleichgewichtsabstand $(\psi_{\mu_{0gl}} - \psi_\mu)$ nur im Verhältnis der Einzelwiderstände zu teilen, um auf die Molanteile ψ_{μ_0} und ψ_{μ_a} zu kommen.

In Abb. 22 wurde dem Gleichgewichtsabstand $(\psi_{\mu_{0gl}} - \psi_\mu)$ die Längeneinheit Eins gegeben, und im gleichen Maßstab das Widerstandsverhältnis $\mathfrak{v}_0 k_{\text{eff}}/k_F$ von der Ordinate $\psi_{\mu_{0gl}}$ aus, das Widerstandsverhältnis $\mathfrak{v} k_{\text{eff}}/\beta$ von der Ordinate ψ_μ aus abgetragen. Man erhält so die Ordinaten ψ_{μ_0} und ψ_{μ_a}, auf denen die Zustandspunkte 0 und A liegen.

Bei vernachlässigbar kleinem Stofftransportwiderstand (langsamverlaufende Reaktion) fällt der Zustandspunkt A praktisch mit dem Punkt N auf der Gemischordinate ψ_μ zusammen. Ist der chemische Reaktionswiderstand dagegen vernachlässigbar klein (schnellverlaufende Reaktion), so deckt sich der Zustandspunkt 0 und gewöhnlich auch A mit dem Gleichgewichtspunkt G.

Die Konstruktion nach Abb. 21 (bzw. Abb. 20) kann benutzt werden, um in einem beliebigen Reaktorquerschnitt bei gegebenem Gemischzustand $M(t, \psi_\mu)$ die Temperatur t_0 und das zugeordnete chemische Gleichgewicht $G(t_0, \psi_{\mu_{0gl}})$ des Grenzflächengemisches zu ermitteln. Man geht wie folgt vor:

Die Grenzflächentemperatur wird zunächst geschätzt und der Geschwindigkeitsfaktor Λ ermittelt. Im i, ψ-Diagramm sucht man dann den Punkt B auf und konstruiert die Gerade $\overline{BE}$. Auf der Ordinate wird vom bekannten Gemischpunkt M die Wärmemengensumme $(q_u + q_\lambda)$ abgetragen. Durch den so festgelegten Punkt Q wird dann eine Parallele zur Geraden $\overline{BE}$ gezogen. Diese Parallele muß die Gleichgewichtslinie im selben Punkt G treffen wie die Isotherme t_0, wenn t_0 richtig geschätzt wurde. Anderenfalls ist die Konstruktion mit neuen Werten für t_0 und Λ zu wiederholen.

Mehrere Wiederholungen werden nur bei der Untersuchung des ersten Reaktorquerschnittes nötig sein, wo man noch nicht weiß, welcher Gemischzustand an der Phasengrenzfläche zu erwarten ist. Hat man erst einmal mehrere Querschnitte berechnet, so kennt man die Tendenzen, mit der sich t_0 und Λ von Ort zu Ort ändern und kann ihre Zahlenwerte recht genau voraussagen. Die Konstruktion dient dann nur noch dazu, diese Werte zu bestätigen oder zu korrigieren.

2.612 Zustandsänderung des Reaktionsgemisches. Die örtlichen Zustandsänderungen des Reaktionsgemisches können erfaßt werden, wenn man eine Bilanzhülle um das gesamte Raumelement des Reaktors legt (Abb. 23). Die Bilanzhülle umschließt dann sowohl die Kontaktkörper als auch den Gemischraum zwischen den Kontaktkörpern. In die Bilanzhülle hinein strömt mit dem Gemisch die Enthalpie $\dot{M} \cdot i$ und durch axiale Leitung die Wärmemenge Q_λ. Die Reaktion und der Stoff- und Wärmeaustausch im Raumelement verändern die Gemischenthalpie um $d(\dot{M} \cdot i)$ und die axiale Wärmeleitmenge um dQ_λ. Gleichzeitig fließt durch den Reaktormantel die Wärmemenge dQ_u an die Umgebung ab.

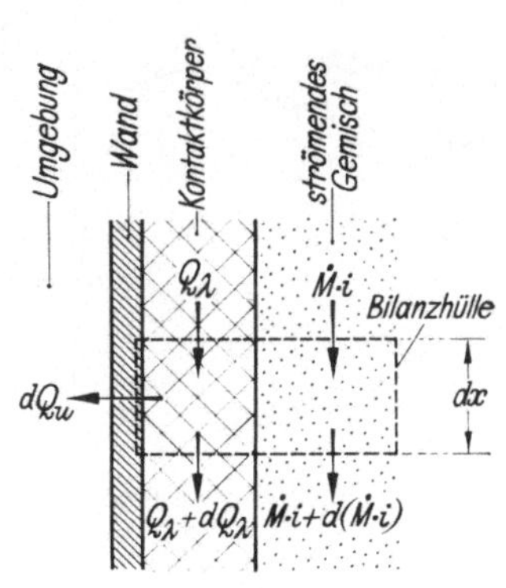

Abb. 23. Reaktorelement (schematisch)

Die Wärmebilanz des Raumelementes kann dann geschrieben werden:

$$d(\dot{M} \cdot i) + dQ_u + dQ_\lambda = 0, \tag{131}$$

oder auch

$$\dot{M}\, di + i\, d\dot{M} + dQ_u + dQ_\lambda = 0. \tag{132}$$

Mit den Substitutionen

$$\dot{M} = \left(\frac{n_\mu}{\Sigma\, n_j} - \psi_\mu \right) \frac{d\dot{M}}{d\psi_\mu},$$

$$d\dot{M} = \frac{\Sigma\, n_j}{n_\mu}\, d\dot{M}_\mu,$$

$$d\dot{M}_\mu = - \frac{\Sigma\, n_j}{\Sigma\, n_j\, i_{j_0}}\, dQ_r,$$

folgt nach einigen Umformungen:

$$\frac{d\,i}{d\,\psi_\mu} = -\,\frac{1}{\dfrac{n_\mu}{\varSigma\,n_j} - \psi_\mu}\left[i - \frac{\varSigma\,n_j\,i_{j_0}}{\varSigma\,n_j}\;\frac{q_u + q_\lambda}{q_r}\right]. \tag{133}$$

Diese Gleichung gibt die momentane Richtung an, in der sich der Zustandspunkt $M\,(t,\;\psi_\mu)$ des Gemisches im $i,\;\psi$-Diagramm verschieben muß. Sie soll als Richtungsgleichung bezeichnet werden.

Obwohl die Richtungsgleichung einen schon recht komplizierten Aufbau hat, ist ihre Abbildung im $i,\;\psi$-Diagramm denkbar einfach (Abb. 24).

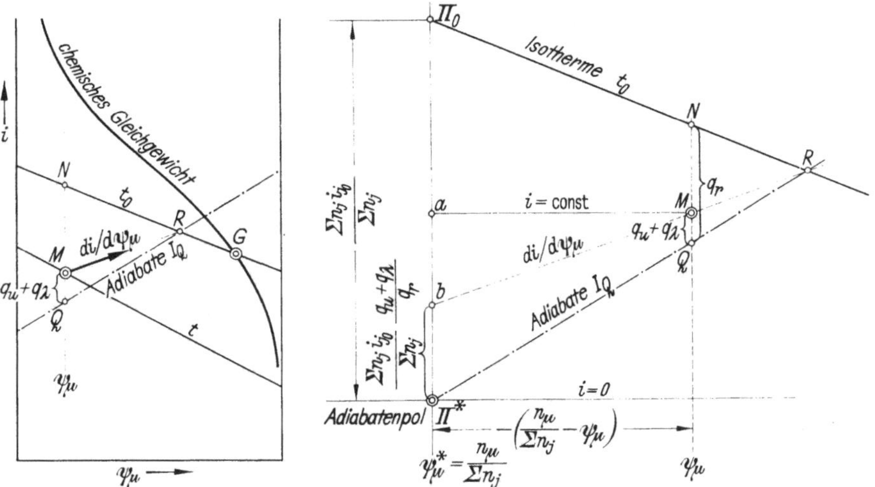

Abb. 24. Richtungsgleichung   Abb. 25. Nachweis für die Diagrammkonstruktion
des ungekühlten Reaktors   der Richtungsgleichung

Aus der Konstruktion nach Abb. 21 sind u. a. die Grenzflächenisotherme t_0 und die Lage des Punktes Q bekannt. Die Richtungsgleichung besagt nun nichts anderes, als daß sich der Gemischpunkt M momentan in Richtung auf einen Punkt R verschiebt, der sich als Schnittpunkt einer den Punkt Q durchlaufenden Adiabaten I_Q mit der Isothermen t_0 ergibt.

Um diese Aussage zu beweisen, wurde in einem Diagrammausschnitt (Abb. 25) die Ordinate ψ_μ^* mit dem Adiabatenpol $\varPi^*$ und dem Quellpunkt $\varPi_0$ der Isothermen t_0 eingezeichnet.

Der Quellpunkt $\varPi_0$ hat die spezifische Enthalpie $\varSigma\,n_j\,i_{j_0}/\varSigma\,n_j$. Verlängert man die Gerade $\overline{RM}$ bis Punkt b auf der Ordinate ψ_μ^*, so wird der Ordinatenabschnitt

$$\overline{\varPi_0\varPi^*} = \frac{\varSigma\,n_j\,i_{j_0}}{\varSigma\,n_j}$$

im Verhältnis

$$\frac{\overline{b\,\varPi^*}}{\overline{\varPi_0\varPi^*}} = \frac{q_u + q_\lambda}{q_r}$$

geteilt. Daraus folgt:

$$\frac{\Sigma\, n_j\, i_{j_0}}{\Sigma\, n_j} \; \frac{q_u + q_\lambda}{q_r} = \overline{b\, II^*}\,.$$

Da der Punkt a auf der Ordinate ψ_μ^* die spezifische Enthalpie i des Gemisches M hat, wird der Klammerausdruck in Gl. (133) durch die Strecke $\overline{ab}$ abgebildet.

$$[\ldots] = \overline{a\,b}\,.$$

Ferner gilt für die Abszissendifferenz

$$\overline{M\,a} = -\left(\frac{n_\mu}{\Sigma\, n_j} - \psi_\mu\right)\,.$$

Also muß die durch die Punkte M und R festgelegte Gerade $\overline{b\,M\,R}$ die Neigung $di/d\psi_\mu$ haben. R ist aber Schnittpunkt der Adiabaten I_Q mit der Isothermen t_0.

Es kommt hier sehr gut zum Ausdruck, wie nützlich das Wissen um die Eigenheiten der Ordinate ψ_μ^* für Diagrammdarstellungen ist, auch wenn der Adiabatenpol und die Isothermenquellskala in den Konstruktionen selbst nicht benötigt werden.

2.613 Zustandskurven des Gemisches. Der gesamte Zustandsverlauf des Gemisches im Reaktor folgt aus der Aneinanderreihung der unendlich vielen infinitesimalen Zustandsänderungen, denen das Gemisch beim Durchströmen des Reaktors unterliegt, also aus der Integration der Richtungsgleichung. Eine exakte mathematische Integration ist im allgemeinen nicht möglich. Zwar können für zwei Sonderfälle — die adiabate und isotherme Reaktion — die Zustandsänderungen des Gemisches als Funktion der Gemischzusammensetzung genau berechnet werden, doch sind selbst hier vereinfachende Annahmen nötig, wenn die Gemischzustände der Ortskoordinate x zugeordnet werden sollen. Außerdem verlaufen Kontaktreaktionen in technischen Reaktoren nie vollkommen adiabat oder isotherm.

Der allgemeine Reaktionsablauf läßt sich in guter Näherung erfassen, wenn die Integration der Zustandsänderungen des Gemisches durch ein graphisches Differenzenverfahren ersetzt wird[1]. Dazu unterteilt man den Reaktionsraum V_R in eine Anzahl genügend kleiner Teilräume ΔV_R und berechnet jeden Teilraum mit jeweils konstanten mittleren Werten für die Reaktionswiderstände. Die Teilräume können verschieden groß sein. In Reaktionszonen, wo die Zustandskurven des Gemisches stärkere Krümmungen zeigen oder die Reaktionswiderstände sich stärker ändern, sind entsprechend kleinere Teilräume zu wählen.

---

[1] Diese Rechenmethode ist an Kondensationsvorgängen in Dampf/Gas-Gemischen schon erfolgreich erprobt worden [*15*].

Das Verfahren stützt sich auf die graphischen Konstruktionen nach Abb. 21 und 24. Begonnen wird an einem Ort des Reaktionsraumes, wo die Temperatur und Zusammensetzung des Gemisches bekannt sind, gewöhnlich also am Eintritt. Dem Eintrittsgemisch entspricht im i, ψ-Diagramm, Abb. 26, der Zustandspunkt M_1. Nach Abb. 21 konstruiert man den zugeordneten Gleichgewichtspunkt G_1 und erhält somit auch die Reaktionstemperatur t_{0_1} am Reaktoreintritt.

Oft wird man die Temperatur t_{0_1} vorschreiben, um einen genügend schnellen Anlauf der Reaktion sicherzustellen. Dann kann die Konstruktion nach Abb. 21 dazu dienen, die Temperatur t_1 zu ermitteln, auf die das Gemisch vorgewärmt werden muß.

Die Gemischzustände O_1 und A_1 an der Phasengrenzfläche und der geometrischen Oberfläche der Kontaktkörper erhält man durch Abtragen der einzelnen Reaktionswiderstände nach Abb. 22.

Sind die Verhältnisse am Reaktoreintritt geklärt, so wird nach Abb. 24 die Richtung $(di/d\psi_\mu)_1$ konstruiert, in der sich der Gemischpunkt M_1 verschieben muß. Auf dieser Geraden geht man eine kleine Strecke weiter und legt mit M_2 einen neuen Gemischpunkt (etwas tiefer im Innern des Reaktionsraumes) fest. Die Entfernung $\overline{M_1 M_2}$ ist ein Maß für den Teilraum ΔV_{R1}.

Zum Gemischpunkt M_2 konstruiert man wieder die zugehörigen Zustandspunkte G_2, O_2 und A_2, die neue Richtung $(di/d\psi_\mu)_2$ und legt den nächstfolgenden Gemischpunkt M_3 fest. Dieses Verfahren wird Schritt für Schritt fortgesetzt, bis die Zustandskurven des gesamten Reaktionsraumes im i, ψ-Diagramm eingezeichnet sind. Das Berechnen der zugehörigen Teilräume ΔV_{R1}, ΔV_{R2}, $\Delta V_{R3} \ldots$ wird in einem späteren Abschnitt behandelt.

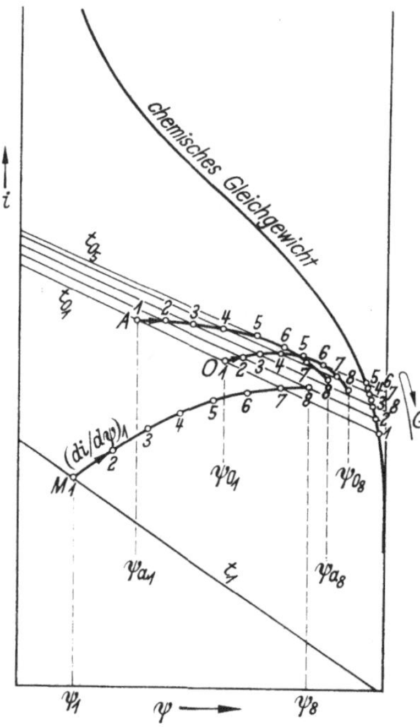

Abb. 26. Zustandskurven. M Strömungskern des Gemisches, A geometrische Kontaktstoffoberfläche, O Phasengrenzfläche

Über den Zustand des den Reaktor verlassenden Gemisches läßt sich eine zusätzliche Aussage machen, wenn man die Gesamtwärmebilanz des Reaktors aufstellt:

$$\dot{M}_E \cdot i_E - \dot{M}_A \cdot i_A = Q_u \quad [\text{kcal/s}], \qquad (134)$$

$\dot{M}_E, \dot{M}_A$ [kmol/s]   Mengenströme des Gemisches am Reaktoreintritt und -austritt,

i_E, i_A [kcal/kmol]   spezifische Enthalpien des Gemisches am Eintritt und Austritt,

$Q_u = \int\limits_0^{\dot{V}_K} dQ_u$ [kcal/s]   insgesamt an die Umgebung abgeführte Wärmemenge.

Die Bilanzgleichung wird etwas umgeformt und läßt sich dann im i, ψ-Diagramm abbilden:

$$i_E - \frac{Q_u}{\dot{M}_E} = \frac{\dfrac{n_\mu}{\Sigma\,n_j} - \psi_{\mu_E}}{\dfrac{n_\mu}{\Sigma'\,n_j} - \psi_{\mu_A}} \cdot i_A \quad [\text{kcal/kmol}], \tag{135}$$

$\psi_{\mu_E}, \psi_{\mu_A}$ [kmol/kmol] Molanteile der Bezugskomponente am Eintritt und Austritt.

Im i, ψ-Diagramm (Abb. 27) wird der Betrag $Q_u/\dot{M}_E$ [kcal/kmol] auf der Ordinate ψ_{μ_E} vom Gemischpunkt M_E aus abgetragen und man erhält einen Punkt U. Der Zustandspunkt M_A des austretenden Gemisches muß auf einer Adiabaten I_U liegen, die durch den Punkt U bestimmt ist.

Bei einem vollkommen wärmedichten Reaktionsraum liegen die Gemischpunkte M_E und M_A auf der gleichen Adiabaten. Das bedeutet jedoch noch nicht, daß im Reaktor eine adiabate Reaktion abläuft. Die Reaktion kann nur dann adiabat sein, wenn im Reaktor auch die axiale Wärmeleitung unterbunden wird. In diesem Sonderfall wird der Quotient

$$\frac{q_u + q_\lambda}{q_r} = 0$$

und die Richtungsgleichung (133) nimmt die Form der Adiabatengleichung (32) an.

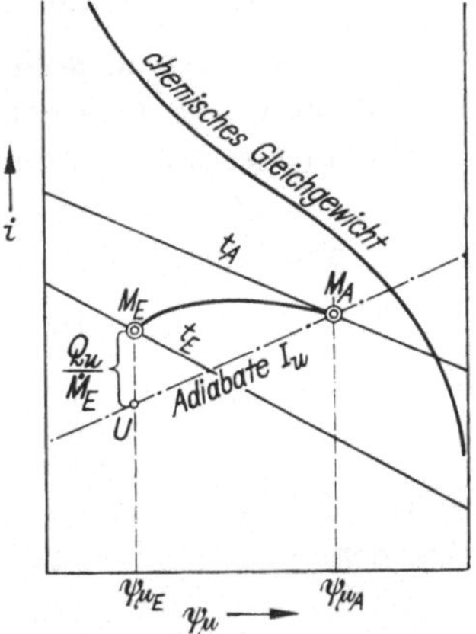

Abb. 27. Gesamtwärmebilanz des ungekühlten Reaktors

Im technischen Reaktor fließt immer Wärme aus den heißeren Zonen des Kontaktkörperbettes in kältere Zonen ab. Das axiale Temperaturprofil des Bettes kann dabei sowohl konvex als auch konkav gekrümmt sein. An Orten konvexer Profilkrümmung wirkt die axiale Wärmeleitung wie eine innere Kühlung, an Orten konkaver Profilkrümmung wie eine innere Beheizung. Die Zustandskurve des Gemisches wird daher auch beim vollkommen wärmedichten Reaktionsraum mehr oder weniger vom gradlinigen Verlauf abweichen.

Läßt sich an die Zustandskurve des Gemisches eine Diagrammadiabate derart anlegen, daß sie zur Tangente wird, so müssen sich im Berührungspunkt die resultierende Wärmeleitmenge und die an die Umgebung abgeführte Wärmemenge gerade aufheben,

$$dQ_u + dQ_\lambda = 0\,,$$

und die Reaktion verläuft örtlich adiabat. In einem wärmedichten Reaktor ($dQ_u = 0$) muß an dieser Stelle das axiale Temperaturprofil des Kontaktkörperbettes einen Wendepunkt haben.

Auch von den Stirnflächen des Kontaktkörperbettes kann axial Wärme abgeführt werden. Ob diese Wärme an das anströmende bzw. abströmende Gemisch oder an die Umgebung übertragen wird, hängt von der Reaktorbauart ab.

Bezeichnet man die von den Stirnflächen axial abströmenden Wärmemengen mit Q_{s_E} bzw. Q_{s_A}, so muß gelten:

$$\int\limits_0^{V_R} dQ_\lambda = Q_{s_E} + Q_{s_A} \quad \text{[kcal/s]}\,. \tag{136}$$

2.62 Gekühlter Reaktionsraum

2.621 Gemischzustände und zugeordnetes Phasengleichgewicht am Kontaktstoff. Hat der Reaktionsraum ein eigenes Kühlsystem, so muß in den Bilanzgleichungen zusätzlich die Wärmeabfuhr an das Kühlmittel berücksichtigt werden. Die Wärmebilanz für ein Kontaktkörperelement nimmt dann die Form an:

$$dQ_r = dQ_x + dQ_k + dQ_u + dQ_\lambda \quad \text{[kcal/s]}\,; \tag{137}$$

bzw. mit Diagrammwerten:

$$q_r = q_\alpha + q_k + q_u + q_\lambda \quad \text{[kcal/kmol]}\,, \tag{138}$$

wobei für den Diagrammwert q_k der an das Kühlmittel übertragenen Wärmemenge dQ_k zu setzen ist:

$$q_k = \frac{C_p}{\alpha}\,\frac{dQ_k}{dF} = \frac{k}{\alpha}\,C_p(t_B - t_k) \quad \text{[kcal/kmol]}\,, \tag{139}$$

k [kcal/m²s grd] kühlmittelseitige Wärmedurchgangszahl.

Mit den Beziehungen für q_r, q_α und q_k schreibt sich die Bilanzgleichung:

$$\Lambda\,(\psi_{\mu_{0gl}} - \psi_\mu)\,\frac{q_0}{n_\mu} = C_p(t_a - t) + \frac{k}{\alpha}\,C_p(t_B - t_k) + q_u + q_\lambda\,. \tag{140}$$

Die Gleichung wird um die Glieder $+ C_p\,t_k - C_p\,t_k$ erweitert und umgeformt zu:

$$\Lambda\,(\psi_{\mu_{0gl}} - \psi_\mu)\,\frac{q_0}{n_\mu} = C_p(t_a - t_k) - C_p(t - t_k) + \frac{k}{\alpha}\,C_p(t_B - t_k) + q_u + q_\lambda\,.$$

Da in den Kontaktkörpern im allgemeinen keine merklichen Temperaturunterschiede auftreten,

$$t_B \approx t_0 \approx t_a ,$$

darf gesetzt werden:

$$t_B - t_k = t_0 - t_k = t_a - t_k .$$

Nach weiteren Umformungen folgt die Hauptgleichung für den gekühlten Reaktor:

$$C_p(t_a - t_k) = \frac{\alpha}{\alpha + k}\left[C_p(t - t_k) + \Lambda(\psi_{\mu_{0gl}} - \psi_\mu)\frac{q_0}{n_\mu} - q_u - q_\lambda \right] . \quad (141)$$

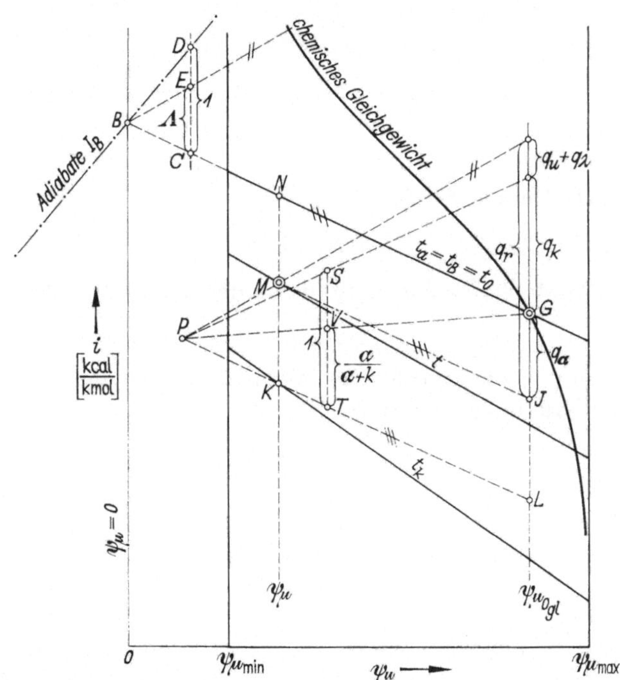

Abb. 28. Hauptgleichung des gekühlten Reaktors

Die Hauptgleichung ist in Abb. 28 graphisch dargestellt worden. Zur Darstellung wurden drei Isothermen des i, ψ-Diagrammes hervorgehoben:

1. Die Gemischisotherme t — auf der der Zustandspunkt $M(t, \psi_\mu)$ des strömenden Gemisches liegt.

2. Die Grenzflächenisotherme t_0 — auf ihr liegen der Gleichgewichtspunkt $G(t_0, \psi_{\mu_{0gl}})$, der Zustandspunkt $0(t_0, \psi_{\mu_0})$ des Grenzflächengemisches (nicht eingezeichnet) und nach Vereinbarung $t_0 = t_a$ auch der Zustandspunkt $A(t_a, \psi_{\mu a})$ des Gemisches an der äußeren Kontaktstoffoberfläche (nicht eingezeichnet).

3. Die sog. Kühlmittelisotherme t_k — deren Zahlenwert der Kühlmitteltemperatur entspricht.

Parallelen zur Grenzflächenisotherme durch den Gemischpunkt M und den Punkt $K(t_k, \psi_\mu)$ schneiden die Gleichgewichtsordinate $\psi_{\mu_0 gl}$ in den Punkten J und L.

Die linke Seite der Hauptgleichung wird im Diagramm auf der Ordinate ψ_μ durch die Strecke $\overline{NK}$, auf der Ordinate $\psi_{\mu_0 gl}$ durch die Strecke $\overline{GL}$ abgebildet.

$$C_p(t_a - t_k) = \overline{NK} = \overline{GL}.$$

Dem Glied $C_p(t - t_k)$ auf der rechten Seite entsprechen die Strecken

$$C_p(t - t_k) = \overline{MK} = \overline{JL}.$$

Der Geraden $\overline{BE}$ wurde — wie in Abb. 21 — gegenüber der Isothermen t_0 die Neigung $\Lambda q_0/n_\mu$ gegeben. Eine Parallele zur Geraden $\overline{BE}$ durch den Gemischpunkt M liefert auf der Ordinate $\psi_{\mu_0 gl}$ den Punkt F und schneidet die verlängerte Gerade $\overline{KL}$ im Punkt P.

$$\overline{PMF} \parallel \overline{BE}.$$

Der Ordinatenabschnitt $\overline{FJ}$ muß dann der Reaktionswärme q_r entsprechen.

$$\overline{FJ} = q_r.$$

Vom Punkt F aus wurde die Wärmemengensumme $(q_u + q_\lambda)$ abgetragen und ergab den Punkt H.

$$q_u + q_\lambda = \overline{FH}.$$

Dabei war vorausgesetzt worden, daß die Summe $(q_u + q_\lambda)$ das gleiche Vorzeichen hat, wie die Wärmemenge q_k. In einem solchen Falle liegt der Punkt H immer zwischen den Punkten F und G.

$$\overline{HG} < \overline{FG}.$$

Hat dagegen $(q_u + q_\lambda)$ das entgegengesetzte Vorzeichen von q_k, dann muß Punkt H außerhalb der Strecke $\overline{FG}$ liegen.

$$\overline{HG} > \overline{FG}.$$

Dem Ausdruck in der eckigen Klammer der Hauptgleichung entspricht die Strecke $\overline{HL}$ auf der Gleichgewichtsordinate.

$$[\ldots] = \overline{JL} + \overline{FJ} - \overline{FH} = \overline{HL}.$$

Der relative Anstieg eines vom Schnittpunkt P ausgehenden Strahles $\overline{PH}$ gegenüber der Geraden $\overline{PKL}$ wurde um den Faktor $\alpha/\alpha + k$ geändert.

$$\frac{\overline{ST}}{\overline{VT}} = \frac{1}{\dfrac{\alpha}{\alpha + k}}.$$

Der neue Strahl $\overline{PV}$ muß gegenüber der Geraden $\overline{PKL}$ auf der Ordinate $\psi_{\mu_{ogl}}$ um den Betrag

$$\frac{\alpha}{\alpha + k} \, [\ldots]$$

angestiegen sein und den Gleichgewichtspunkt G treffen, denn nur für

$$\frac{\alpha}{\alpha + k} \, [\ldots] = \overline{GL}$$

ist die Hauptgleichung erfüllt.

Die graphische Darstellung der Hauptgleichung kann wieder dazu benutzt werden, zu einem bekannten Gemischzustand $M(t, \psi_\mu)$ das zugeordnete Phasengleichgewicht $G(t_0, \psi_{\mu_{ogl}})$ zu ermitteln. Dabei ist wie folgt vorzugehen:

1. Grenzflächentemperatur t_0 schätzen und Parallelen zur Grenzflächenisotherme t_0 durch die Diagrammpunkte M und K ziehen.

2. Geschwindigkeitsfaktor Λ bestimmen, Gerade $\overline{BE}$ konstruieren,

$$\overline{EC}/\overline{DC} = \Lambda \, ,$$

und Parallele zu $\overline{BE}$ durch Gemischpunkt M legen.

$$\overline{PMF} \parallel \overline{BE} .$$

3. Wärmemengensumme $(q_u + q_\lambda)$ auf der Ordinate $\psi_{\mu_{ogl}}$ vom Punkt F aus vorzeichenrichtig abtragen.

$$\overline{FH} = q_u + q_\lambda .$$

4. Relative Steigung des Strahles $\overline{PH}$ gegenüber der Geraden $\overline{PKL}$ um den Faktor $\alpha/\alpha + k$ ändern.

$$\frac{\overline{VT}}{\overline{ST}} = \frac{\alpha}{\alpha + k} .$$

5. Prüfen, ob der neue Strahl $\overline{PV}$ die Gleichgewichtslinie im selben Punkt G schneidet, wie die geschätzte Isotherme t_0. Andernfalls ist die Konstruktion mit korrigierten Werten für t_0 und Λ zu wiederholen.

Die Gemischzustände $0(t_0, \psi_{\mu_0})$ und $A(t_a, \psi_{\mu_a})$ an der inneren und äußeren Kontaktstoffoberfläche werden wieder durch Abtragen der Widerstandsverhältnisse bestimmt (s. Abb. 22).

2.622 Zustandsänderung des Gemisches. Die Wärmebilanz für ein Raumelement des gekühlten Reaktors

$$d(\dot{M} \cdot i) + dQ_k + dQ_u + dQ_\lambda = 0 \tag{142}$$

läßt sich ebenfalls zu einer Richtungsgleichung umformen:

$$\frac{di}{d\psi_\mu} = - \frac{1}{\dfrac{n_\mu}{n_j \Sigma} - \psi_\mu} \left[i - \frac{\Sigma \, n_j \, i_{j_0}}{\Sigma \, n_j} \, \frac{q_k + q_u + q_\lambda}{q_r} \right] . \tag{143}$$

Diese Gleichung unterscheidet sich von der Richtungsgleichung des ungekühlten Reaktors nur dadurch, daß neben den Gliedern $q_u + q_\lambda$ noch das Glied q_k auftritt.

Im i, ψ-Diagramm wird eine Parallele zur Geraden $\overline{MF}$ durch den Gleichgewichtspunkt G gelegt (Abb. 29).

$$\overline{MF} \parallel \overline{QG}.$$

Für die Lage des so gefundenen Punktes Q auf der Gemischordinate ψ_μ gilt dann:

$$\overline{MQ} = \overline{FG} = q_k + q_u + q_\lambda.$$

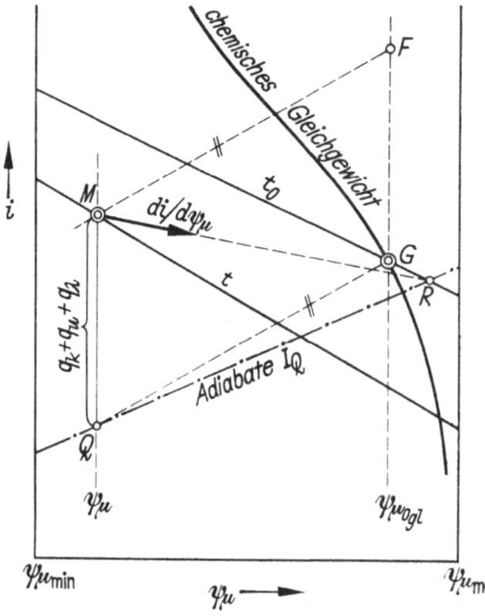

Abb. 29. Richtungsgleichung des gekühlten Reaktors

Eine Adiabate I_Q durch den Punkt Q schneidet die Isotherme t_0 im Richtpunkt R. Der Gemischpunkt M verschiebt sich in Richtung auf diesen Punkt. Die Darstellung ist nach den Ausführungen zu Abb. 25 wohl ohne weiteres verständlich.

Die Zustandskurven des gekühlten Reaktors werden wieder nach dem Schrittverfahren konstruiert. Sinngemäß gelten auch hier die Ausführungen in 2.613; nur müssen die Konstruktionen nach Abb. 21 und 24 ersetzt werden durch die Konstruktionen nach Abb. 28 und 29. Die Temperaturänderung des Kühlmittels von Schritt zu Schritt wird in einem späteren Abschnitt behandelt.

2.623 Isothermes Kontaktkörperbett. Bei manchen Kontaktreaktionen muß zur Vermeidung von Neben- oder Folgereaktionen, oder aus anderen Gründen, die Reaktionstemperatur möglichst konstant gehalten werden (z. B. bei der Methanolsynthese).

Ein isothermes Kontaktkörperbett läßt sich verwirklichen, wenn man das Kühlsystem des Reaktors dem örtlichen Wärmeanfall anpaßt. Die Bemessungsgrundlagen für das Kühlsystem können dem i, ψ-Diagramm entnommen werden.

Bei konstanter Bettemperatur liegen die Grenzflächenisotherme t_0 und der zugeordnete Gleichgewichtspunkt $G(t_0, \psi_{\mu_{ogl}})$ im i, ψ-Diagramm unverrückbar fest (Abb. 30). Axiale Wärmeleitvorgänge treten im Kontaktkörperbett nicht auf,

$$dQ_\lambda = 0, \quad q_\lambda = 0,$$

und die Wärmeabgabe an die Umgebung ist längs des Reaktors konstant.

$$\frac{dQ_u}{dF_u} = \text{const}.$$

An das Kühlmittel ist örtlich eine bestimmte Wärmemenge q_k abzuführen. Die Konstruktion nach Abb. 28 bzw. 29 kann dazu benutzt werden, diese Wärmemenge zu bestimmen.

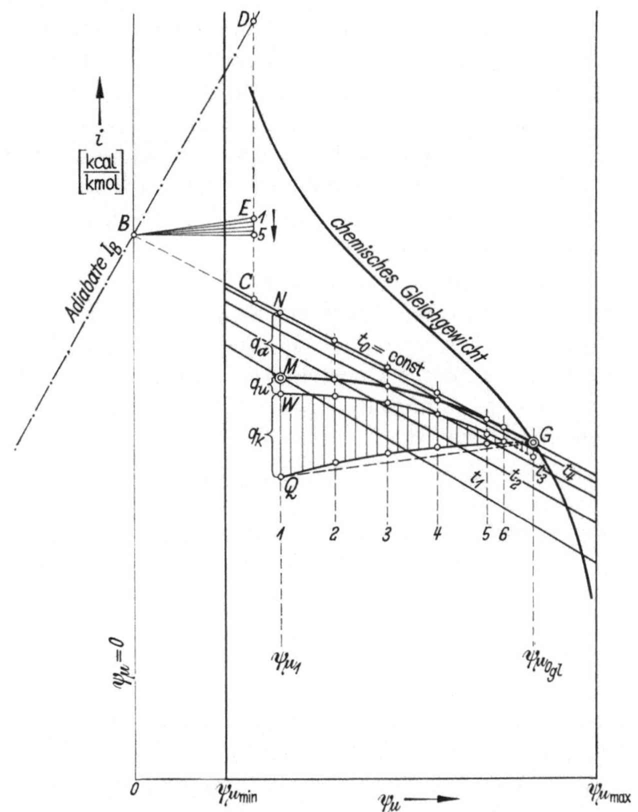

Abb. 30. Zustandskurve des Gemisches und örtliche Wärmemengen
beim isothermen Kontaktkörperbett

Das Verfahren ist sehr einfach:

1. Gerade $\overline{BE}$ wie üblich Schritt für Schritt konstruieren, aber in den jetzt festen Gleichgewichtspunkt G parallelverschieben. Man erhält auf den jeweiligen Gemischordinaten ψ_{μ_1}, ψ_{μ_2} ... die Punkte Q_1, Q_2 ... Ist der Geschwindigkeitsfaktor Λ konstant, so fallen alle Punkte Q in die Gerade $\overline{Q_1 G}$.

2. Gleichzeitig Zustandskurve M des strömenden Gemisches konstruieren.

3. Wärmemenge q_u jeweils vom Gemischpunkt M aus vorzeichen-richtig abtragen. Man erhält die Punkte W_1, W_2 ...

Die Wärmemenge q_k kann dann als Ordinatendifferenz

$$q_k = \overline{WQ} \quad \text{[kcal/kmol]}$$

zu jedem Reaktorquerschnitt aus dem i, ψ-Diagramm abgegriffen werden.

Das Kühlsystem des Reaktors ist so auszubilden und zu bemessen, daß es dem Reaktionsraum in jedem Querschnitt eine dem Diagramm-wert q_k entsprechende Wärmemenge entzieht. Unterlagen über die Kühl-flächenverteilung liefert die Konstruktion nach Abb. 30. Ändern sich die Übertragungsverhältnisse und die Temperatur des Kühlmittels im Reak-tor nicht — z. B. wenn man als Kühlmittel eine verdampfende Flüssig-keit wählt — so muß die Belegungsdichte des Reaktionsraumes mit Kühlelementen proportional q_k abnehmen.

Das reagierende Gemisch erreicht beim Durchströmen des Reaktors schließlich einen Ort, wo die Wärmemenge q_k einen Vorzeichenwechsel erfahren muß. In Abb. 30 ist es der Querschnitt $6\,(Q_6 \equiv W_6 \to q_k = 0)$. Soll die Reaktion über diesen Querschnitt hinaus unter der Bedingung $t_0 = \text{const}$ weiterlaufen, so muß in der nachfolgenden Zone entweder der Reaktionsraum entsprechend

$$-q_k = q_H = \overline{QW} \quad \text{[kcal/kmol]}$$

beheizt werden, oder der Wärmeaustausch mit der Umgebung durch eine entsprechend zu bemessende Isolierung derart vermindert werden, daß

$$q_u = \overline{MQ} \quad \text{[kcal/kmol]}$$

wird. Die Auswirkungen des Vorzeichenwechsels von q_k bleiben jedoch ohne Bedeutung, wenn die Wärmeverluste q_u gering sind.

Wollte man den vollkommen isothermen Reaktionsraum verwirk-lichen, in dem auch die Temperatur des strömenden Gemisches konstant bleibt, so müßte man das Gemisch auf die Temperatur t_0 vorwärmen und das Kühlsystem so bemessen, daß es auch die bisher an das Gemisch übertragene Wärmemenge q_x abführen kann. Es ist jedoch nicht ein-zusehen, warum man das Eintrittsgemisch auf eine unnötig hohe Tem-peratur vorwärmen soll, wenn dieser Mehrbetrag an Wärme anschließend im Reaktor wieder entzogen werden muß.

2.7 Gleichgewichtsverschiebungen durch Stofftransportvorgänge

Bei den bisherigen Diagrammkonstruktionen war stillschweigend vor-ausgesetzt worden, daß an der Phasengrenzfläche ein Gemisch anliegt, welches die gleiche reduzierte Zusammensetzung hat, wie das strömende Gemisch. Dann fällt im i, ψ-Diagramm der dem Grenzflächengemisch zugeordnete Gleichgewichtszustand $G(t_0, \psi_{\mu_{ogl}})$ auf die Gleichgewichtslinie des strömenden Gemisches, und der Reaktionsablauf läßt sich in einem einfachen i, ψ-Diagramm eindeutig abbilden.

Durch den Stofftransport zwischen Reaktionsort und Gemischkern kann sich jedoch an der Phasengrenzfläche ein Gemisch einstellen, dessen reduzierte Zusammensetzung von der des strömenden Gemisches abweicht. Mit der reduzierten Zusammensetzung verschiebt sich das zugeordnete chemische Gleichgewicht. Folglich lassen sich die Gemischzustände an der Phasengrenzfläche nur in einem i, ψ-Diagramm abbilden, dessen Gleichgewichtslinie und Isothermennetz der reduzierten Zusammensetzung des Grenzflächengemisches entspricht.

Eine geschlossene Darstellung des Reaktionsablaufes ist dann nur in einem erweiterten i, ψ-Diagramm möglich, das die Abbildung aller auch durch Stofftransportvorgänge erreichbaren Gemischzustände erlaubt.

2.71 Zusammensetzung des reduzierten Grenzflächengemisches

Für die Molanteile zweier beliebig herausgegriffener Komponenten A_j und A_μ des reduzierten Gemisches an der Phasengrenzfläche und im Strömungskern gelten nach Abschn. 2.1 die Beziehungen:

$$\frac{\dfrac{n_j}{\Sigma' n_j} - \psi'_{j_0}}{\dfrac{n_\mu}{\Sigma' n_j} - \psi'_{\mu_0}} = \frac{\dfrac{n_j}{\Sigma n_j} - \psi_{j_0}}{\dfrac{n_\mu}{\Sigma n_j} - \psi_{\mu_0}}, \tag{144}$$

$$\frac{\dfrac{n_j}{\Sigma n_j} - \psi'_j}{\dfrac{n_\mu}{\Sigma n_j} - \psi'_\mu} = \frac{\dfrac{n_j}{\Sigma n_j} - \psi_j}{\dfrac{n_\mu}{\Sigma n_j} - \psi_\mu}. \tag{145}$$

Das Verhältnis der Molanteilsgefälle dieser beiden Komponenten beträgt nach den Ausführungen in Abschn. 2.44:

$$\frac{\psi_{j_0} - \psi_j}{\psi_{\mu_0} - \psi_\mu} = \frac{n_j}{n_\mu} \frac{b_j}{b_\mu}. \tag{146}$$

b_j und b_μ sind die gesamten Stofftransportwiderstände der betreffenden Komponenten:

$$b_j = \left(\frac{v_0}{\beta_{P_j}} + \frac{v}{\beta_j} \right)_{\text{korr}}, \tag{147}$$

$$b_\mu = \left(\frac{v_0}{\beta_{P_\mu}} + \frac{v}{\beta_\mu} \right)_{\text{korr}}. \tag{148}$$

Durch Substitution von Gl. (146) und (145) in Gl. (144) folgt:

$$\frac{\dfrac{n_j}{\Sigma' n_j} - \psi'_{j_0}}{\dfrac{n_\mu}{\Sigma n_j} - \psi'_{\mu_0}} = \frac{\dfrac{n_\mu}{\Sigma n_j} - \psi_\mu}{\dfrac{n_\mu}{\Sigma n_j} - \psi_{\mu_0}} \left[\frac{\dfrac{n_j}{\Sigma n_j} - \psi'_j}{\dfrac{n_\mu}{\Sigma n_j} - \psi'_\mu} - \frac{n_j}{n_\mu} \frac{b_j}{b_\mu} \right] + \frac{n_j}{n_\mu} \frac{b_j}{b_\mu}. \tag{149}$$

Mit dieser Gleichung läßt sich der Molanteil jeder interessierenden Komponente des reduzierten Grenzflächengemisches berechnen.

Es wird vorausgesetzt, daß von einer Komponente A_μ die Molanteile ψ_μ und ψ_{μ_0} im Gemischkern und an der Phasengrenzfläche bekannt sind. Selbstverständlich müssen auch Angaben über die reduzierte Zusammensetzung des strömenden Gemisches vorliegen.

Die Berechnung ist möglich, da nach Definition zumindest ein Reaktionsprodukt im reduzierten Grenzflächengemisch nicht vorhanden ist. Werden bei der Reaktion mehrere Produkte gebildet, so wird dasjenige Produkt durch die Reduzierung ausgeschieden, das an der Phasengrenzfläche im Unterschuß vorkommt.

A_{III} und A_{IV} seien Produkte; dann gilt z. B.

$$\text{für} \quad \frac{\psi_{III_0}}{\psi_{IV_0}} < \frac{n_{III}}{n_{IV}} \rightarrow \psi'_{III_0} = 0 .$$

Im Gemischkern stehen die Reaktionsprodukte normalerweise im stöchiometrischen Mengenverhältnis zueinander. Dann muß an der Phasengrenzfläche das Produkt mit den besseren Diffusionseigenschaften im Unterschuß vorhanden sein.

Zum Beispiel

$$\text{für} \quad \frac{\psi_{III}}{\psi_{IV}} = \frac{n_{III}}{n_{IV}} \quad \text{und} \quad D_{IV} > D_{III} \rightarrow \frac{\psi_{III_0}}{\psi_{IV_0}} > \frac{n_{III}}{n_{IV}} \rightarrow \psi'_{IV_0} = 0 .$$

Bei gleichgroßen Diffusionskoeffizienten pflanzt sich die Stöchiometrie bis zur Phasengrenzfläche fort und alle Produkte müssen durch die Reduzierung verschwinden:

$$\frac{\psi_{III}}{\psi_{IV}} = \frac{n_{III}}{n_{IV}} ; \quad D_{III} = D_{IV} \rightarrow \frac{\psi_{III_0}}{\psi_{IV_0}} = \frac{n_{III}}{n_{IV}} \rightarrow \psi'_{III_0} = 0 ; \quad \psi'_{IV_0} = 0 .$$

In selteneren Sonderfällen stehen im Gemischkern die Produkte nicht im stöchiometrischen Mengenverhältnis. Hat dann das Unterschußprodukt des Gemischkernes die besseren Diffusionseigenschaften, so muß es auch an der Phasengrenzfläche im Unterschuß stehen und bei der Reduzierung verschwinden.

Zum Beispiel

$$\frac{\psi_{III}}{\psi_{IV}} < \frac{n_{III}}{n_{IV}} ; \quad D_{III} > D_{IV} \rightarrow \frac{\psi_{III_0}}{\psi_{IV_0}} < \frac{n_{III}}{n_{IV}} \rightarrow \psi'_{III_0} = 0 .$$

Hat dagegen das Unterschußprodukt des Gemischkernes die kleinere Diffusionszahl, so kann sich das Unterschußverhalten an der Phasengrenzfläche unter Umständen umkehren. Dann muß das Unterschußprodukt der Phasengrenze berechnet werden.

Unter bestimmten Bedingungen hat das Grenzflächengemisch die gleiche reduzierte Zusammensetzung wie das strömende Gemisch.

$$\psi'_{j_0} = \psi'_j ; \quad \psi'_{\mu_0} = \psi'_\mu \ldots$$

Um diese Bedingungen herauszufinden wird Gl. (149) etwas umgestellt:

$$\frac{\dfrac{n_j}{\Sigma\,n_j}-\psi'_{j_0}}{\dfrac{n_\mu}{\Sigma\,n_j}-\psi'_{\mu_0}}=\frac{\dfrac{n_j}{\Sigma\,n_j}-\psi'_j}{\dfrac{n_\mu}{\Sigma\,n_j}-\psi'_\mu}\left[\frac{\dfrac{n_\mu}{\Sigma\,n_j}-\psi_\mu}{\dfrac{n_\mu}{\Sigma\,n_j}-\psi_{\mu_0}}-\frac{n_j}{n_\mu}\,\frac{b_j}{b_\mu}\,\frac{\psi_{\mu_0}-\psi_\mu}{\dfrac{n_\mu}{\Sigma\,n_j}-\psi_{\mu_0}}\,\frac{\dfrac{n_\mu}{\Sigma\,n_j}-\psi'_\mu}{\dfrac{n_j}{\Sigma\,n_j}-\psi'_j}\right]. \tag{150}$$

Offensichtlich ändern die Stofftransportvorgänge längs des Transportweges die reduzierte Zusammensetzung nicht, wenn der Klammerausdruck in der vorstehenden Gleichung den Wert Eins hat. Das ist unter anderem der Fall, wenn die Molanteilsgefälle der Gemischkomponenten zwischen Phasengrenzfläche und Strömungskern klein sind, also für

$$\psi_{\mu_0}\approx\psi_\mu;\quad \psi_{j_0}\approx\psi_j\ldots$$

Danach lassen sich schon zwei zwar triviale, aber doch häufig vorliegende Bedingungen angeben:

Die zugeordneten chemischen Gleichgewichte an der Phasengrenze und im Strömungskern können sich nicht merklich unterscheiden, wenn

1. die Stofftransportwiderstände klein sind gegenüber dem chemischen Reaktionswiderstand (z. B. bei langsamverlaufenden Reaktionen),

2. das Gemisch mit geringem Gleichgewichtsabstand reagiert.

Es läßt sich weiter zeigen, daß der Klammerausdruck in Gl. (150) den Wert Eins hat, wenn die Bedingung

$$\frac{b_j}{b_\mu}\,\frac{1-\psi'_\mu\,\Sigma\,n_j}{1-\psi'_j\,\Sigma\,n_j}\to 1 \tag{151}$$

erfüllt ist.

Für das Widerstandsverhältnis gilt nach den Ausführungen in Abschn. 2.42 und 2.43:

$$\frac{b_j}{b_\mu}=\frac{D_\mu}{D_j}\,\frac{\dfrac{v_0\,\delta_P}{\chi\,\xi}(1-\gamma_j\,\psi_j)_P+v\,\delta\,\dfrac{\gamma_j(\psi_{j_a}-\psi_j)}{\ln\dfrac{1-\gamma_j\,\psi_{j_a}}{1-\gamma_j\,\psi_j}}}{\dfrac{v_0\,\delta_P}{\chi\,\xi}(1-\gamma_\mu\,\psi_\mu)_P+v\,\delta\,\dfrac{\gamma_\mu(\psi_{\mu_a}-\psi_\mu)}{\ln\dfrac{1-\gamma_\mu\,\psi_{\mu_a}}{1-\gamma_\mu\,\psi_\mu}}}. \tag{152}$$

Aus der Bedingung (151) lassen sich drei weitere Aussagen ablesen: Die reduzierte Zusammensetzung ändert sich nicht:

3. wenn die Reaktion volumenbeständig ist und die Diffusionskoeffizienten aller Reaktanten gleich groß sind,

4. wenn das strömende Gemisch eine stöchiometrische Zusammensetzung hat und die Diffusionskoeffizienten der Reaktionspartner untereinander und die Diffusionskoeffizienten der Reaktionsprodukte untereinander gleich groß sind,

5*

5. wenn die Molanteile aller Reaktanten sehr klein sind, d. h. wenn das Gemisch einen hohen Inertgasanteil aufweist.

Wird keine der angegebenen Bedingungen zumindest angenähert erfüllt, so muß die Gleichgewichtsverschiebung berücksichtigt werden.

2.72 Berücksichtigung der Gleichgewichtsverschiebungen im i, ψ-Diagramm

Die Hauptgleichung und die Richtungsgleichung des Reaktors lassen sich im i, ψ-Diagramm auch für den Fall exakt abbilden, daß Stofftransportvorgänge Gleichgewichtsverschiebungen an der Phasengrenze hervorrufen.

Im erweiterten i, ψ-Diagramm (Abb. 31) ist z. B. die Hauptgleichung für den ungekühlten Reaktor,

$$\Lambda \left(\psi_{\mu_{0gl}} - \psi_{\mu}\right) \frac{q_0}{n_\mu} = C_p (t_a - t) + q_u + q_\lambda,$$

graphisch dargestellt worden.

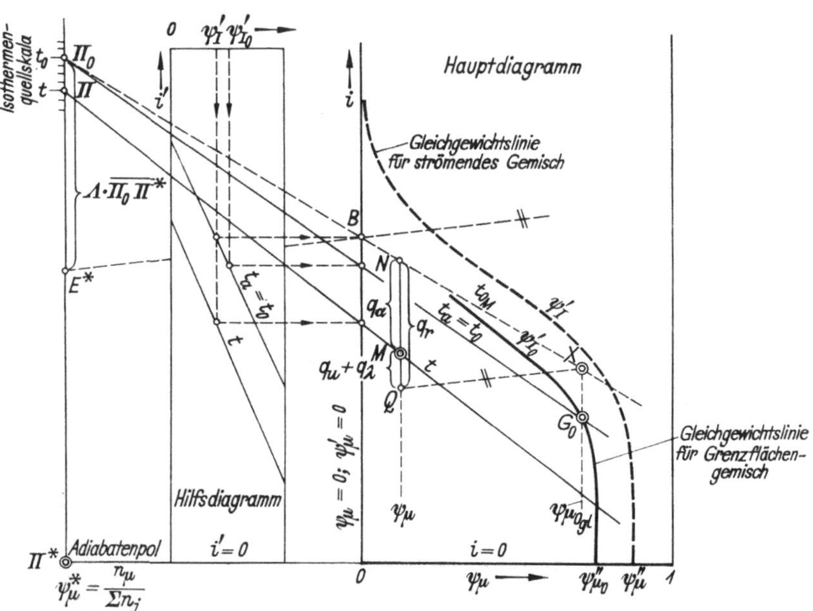

Abb. 31. Hauptgleichung des ungekühlten Reaktors bei Gleichgewichtsverschiebungen an der Phasengrenzfläche

Der Gemischzustand $M(t, \psi_\mu, \psi_I')$ ist bestimmt durch die Temperatur t und die Molanteile ψ_μ und ψ_I' im Strömungskern. Die zugehörige Gleichgewichtslinie ist gestrichelt eingezeichnet worden.

Das Grenzflächengemisch hat die Temperatur t_0; seine reduzierte Zusammensetzung wird durch ψ'_{I_0} angegeben. Der reduzierten Zusammensetzung ψ'_{I_0} entspricht die voll ausgezogene Gleichgewichtslinie, auf der auch der zugeordnete Gleichgewichtspunkt $G_0(t_0, \psi_{\mu_0 gl}, \psi'_{I_0})$ des Grenzflächengemisches liegt.

Die Lage der Isothermen t und t_0 hängt bekanntlich von den Molanteilen ψ'_I und ψ'_{I_0} ab. Über die Isothermenkonstruktion wurde im Abschn. 2.21 berichtet.

Das Diagramm enthält eine weitere Isotherme t_{0M}. Der Zahlenwert dieser Isotherme ist zwar gleich dem Zahlenwert der Grenzflächenisotherme,

$$t_{0M} = t_0 \quad [^{\circ}\mathrm{C}],$$

ihre Lage ist jedoch durch die reduzierte Zusammensetzung ψ'_I des strömenden Gemisches bestimmt.

Auf der Isotherme t_{0M} liegt ein wichtiger Konstruktionspunkt X als Schnittpunkt mit der Gleichgewichtsordinate $\psi_{\mu_0 gl}$. Alle bereits behandelten Diagrammkonstruktionen können uneingeschränkt auch auf Reaktionsabläufe mit örtlichen Gleichgewichtsverschiebungen angewendet werden, wenn nur der bisherige Gleichgewichtspunkt $G(t_0, \psi_{\mu_0 gl})$ durch diesen Konstruktionspunkt $X(t_{0M}, \psi_{\mu_0 gl})$ und die Grenzflächenisotherme t_0 durch die Isotherme t_{0M} ersetzt wird.

Bei der allgemeingültigen Darstellung der Hauptgleichung muß eine durch den Punkt Q gelegte Parallele zur Geraden $\overline{E^*B}$ (bzw. $\overline{EB}$) immer den Punkt X treffen.

$$\overline{E^*B} \parallel \overline{QX}.$$

Haben die Stofftransportvorgänge keine Gleichgewichtsverschiebung zur Folge, so deckt sich die Isotherme t_{0M} mit der Grenzflächenisotherme t_0, der Punkt X mit dem Gleichgewichtspunkt G.

In Abb. 31 wird (genau wie in Abb. 20 bzw. 21)

$$\overline{NM} = C_p(t_a - t) = q_\alpha,$$

$$\overline{MQ} = q_u + q_\lambda,$$

$$\overline{NQ} = \Lambda \, \frac{q_0}{n_\mu} (\psi_{\mu_0 gl} - \psi_\mu) = q_r.$$

Damit ist die Hauptgleichung erfüllt.

Soll die Konstruktion nach Abb. 31 dazu benutzt werden, den zugeordneten Gleichgewichtspunkt G_0 an der Phasengrenze zu ermitteln, so muß die reduzierte Zusammensetzung des Grenzflächengemisches bekannt sein.

Liegen über den Molanteil ψ'_{I_0}, noch keine Angaben vor, so wird die Konstruktion zunächst ohne Berücksichtigung der Gleichgewichtsverschiebung nach Abb. 20 durchgeführt und das Molanteilsgefälle $\psi_{\mu_0} - \psi_\mu$ ermittelt. Nach Gl. (149) kann dann der Molanteil ψ'_{I_0} des reduzierten Grenzflächengemisches in erster Näherung berechnet werden.

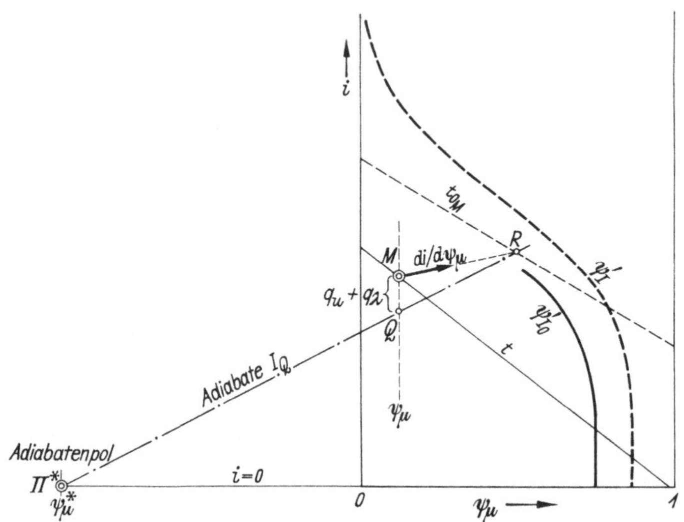

Abb. 32. Richtungsgleichung des ungekühlten Reaktors bei Gleichgewichtsverschiebungen an der Phasengrenzfläche

Anschließend ist die Hauptgleichung nach Abb. 31 graphisch abzugleichen. Dabei ist zu beachten, daß sich gegenüber der ersten Konstruktion im allgemeinen eine andere Grenzflächentemperatur ergibt. Eine andere Neigung der Geraden $\overline{E^* B}$ wird die Folge sein, wenn der Faktor A temperaturabhängig ist. Weiter muß der nur näherungsweise ermittelte Wert für ψ'_{I_0} durch eine Kontrollrechnung gesichert werden, wenn stärkere Gleichgewichtsverschiebungen vorliegen.

Das Abgleichen der Hauptgleichung ist wesentlich einfacher, wenn schon einige aufeinanderfolgende Reaktorquerschnitte durchgerechnet sind, und die Tendenzen bekannt sind, mit denen sich die einzelnen Konstruktionsgrößen ändern.

Die allgemeine Darstellung der Richtungsgleichung des ungekühlten Reaktors zeigt Abb. 32. Hier ist lediglich zu beachten, daß der Richtpunkt R ebenfalls auf die Isotherme t_{0M} fällt. In Abb. 33 und 34 werden die Haupt- und Richtungsgleichung des gekühlten Reaktors dargestellt. Wie beim ungekühlten Reaktor fallen die Konstruktionspunkte B, N und X auf die Isotherme t_{0M}. Gegenüber Abb. 28 tritt in Abb. 33 der Konstruktionspunkt X an die Stelle des Gleichgewichtspunktes G.

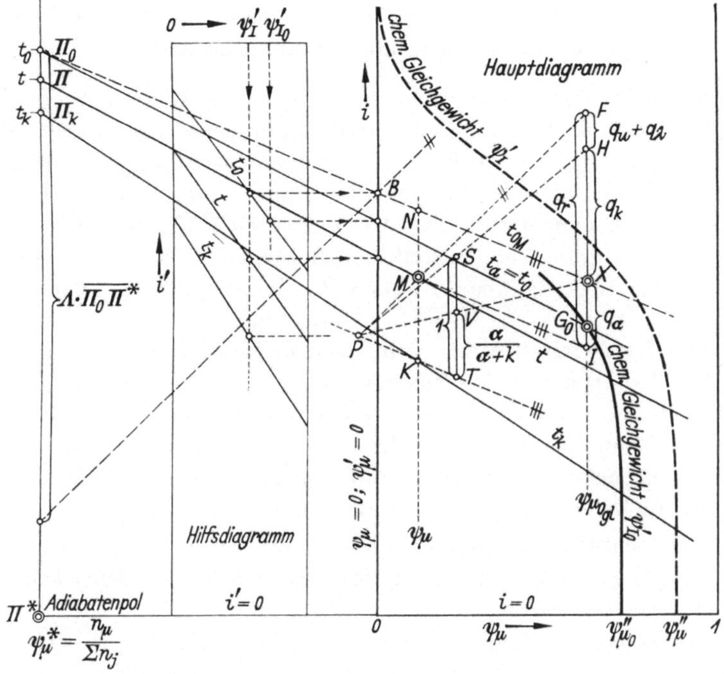

Abb. 33. Hauptgleichung des gekühlten Reaktors bei Gleichgewichtsverschiebungen
an der Phasengrenze

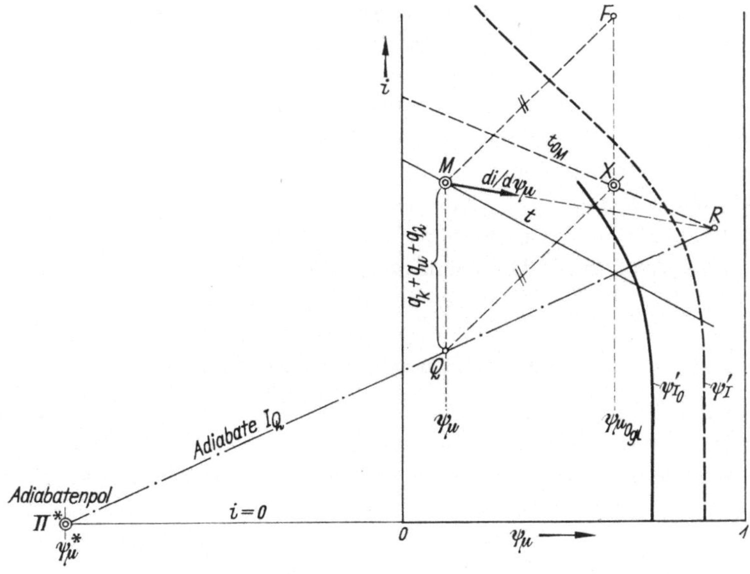

Abb. 34. Richtungsgleichung des gekühlten Reaktors bei Gleichgewichtsverschiebungen
an der Phasengrenze

2.73 Zusatzbedingungen für erweiterte i, ψ-Diagramme von Reaktionsgemischen mit mehr als drei Komponenten

Die in Abschn. 2.3 besprochenen erweiterten i, ψ-Diagramme gelten für Reaktionsgemische, deren reduzierte Zusammensetzung durch Angabe des Molanteils einer einzigen Komponente eindeutig beschrieben wird. Dazu gehören alle Dreikomponentengemische, da bei deren Reduzierung jeweils nicht mehr als zwei Komponenten übrigbleiben. Im erweiterten i, ψ-Diagramm eines Dreikomponentengemisches können demnach alle irgendwie denkbaren Zustände des Gemisches abgebildet werden.

Bei Reaktionsgemischen mit mehr als drei Komponenten wurde für jede weitere Komponente eine Zusatzbedingung vorgeschrieben, die die betreffende Komponente an eine andere Komponente bindet. Die Zusatzbedingungen kann man in weiten Grenzen frei festsetzen, so lange mit dem Diagramm chemische Prozesse untersucht werden sollen, in denen nur steuerbare Mischungsvorgänge vorkommen.

Sollen jedoch Reaktionsabläufe behandelt werden, in denen Stofftransportvorgänge starke, unbeeinflußbare Entmischungen bewirken, so lassen sich Zusatzbedingungen nur für Sonderfälle angeben.

Vom erweiterten i, ψ-Diagramm wird hier gefordert, daß sich in ihm alle Gemischzustände abbilden lassen, die durch den Stofftransport erreichbar sind.

Dieser Forderung genügt ein Vierkomponentengemisch, wenn zwei gleichartige Reaktanten — also zwei Reaktionspartner oder zwei Reaktionsprodukte — immer im stöchiometrischen Mengenverhältnis stehen. Das wiederum ist auch nur möglich, wenn die Diffusionskoeffizienten der beiden Reaktanten übereinstimmen. Eine Komponente des Gemisches kann auch ein Inertgas sein.

Bei Gemischen mit fünf Komponenten müssen zwei weitere gleichartige Reaktanten im stöchiometrischen Mengenverhältnis zueinander stehen und gleich große Diffusionskoeffizienten haben.

2.8 Schrittvolumen und Schrittflächen

Neben der Prozeßführung bewegt den Planer einer Reaktoranlage die Frage nach der richtigen Dimensionierung des Reaktionsraumes. Die Größe des Reaktionsraumes hängt von der notwendigen Kontaktstoffoberfläche ab, die im Reaktionsraum untergebracht werden muß, damit ein vorgegebenes reaktionsfähiges Gemisch bis zum gewünschten Grad abreagieren kann. Zwischen dem Volumen und der geometrischen Kontaktkörperoberfläche besteht die Beziehung:

$$V_R = \int\limits_0^F \left(\frac{dV_R}{dF}\right) dF , \qquad (153)$$

$$\frac{dV_R}{dF} = \frac{\text{Volumen eines Raumelementes}}{\text{geometrische Kontaktkörperoberfläche im Raumelement}} .$$

Der Quotient dV_R/dF hängt von der Form, den Abmessungen und der Packungsdichte der Kontaktkörper ab.

Bei reinen Gasreaktionen wird der Reaktionsraum gewöhnlich mit gleichförmigen Kontaktkörpern aufgefüllt. Der Quotient dV_R/dF ist dann über die Länge des Reaktionsraumes konstant.

$$\frac{dV_R}{dF} = \frac{\Delta V_R}{\Delta F} = \frac{V_R}{F} = \text{const} .$$

Für Reaktionsräume mit kugelförmigen Kontaktkörpern gilt beispielsweise (bei dichtester Kugelpackung):

$$\frac{dV_R}{dF} = \frac{\pi}{r\,\sqrt{2}} \approx \frac{2,22}{r} , \qquad (154)$$

r Radius der Kontaktkörper.

Bei der Konstruktion der Zustandskurve des Gemisches im i, ψ-Diagramm wird der Reaktionsraum in kleine Teilräume mit den Volumen ΔV_R zerlegt.

$$V_R = \Sigma \, \Delta V_R , \qquad (155)$$

ΔV_R Schrittvolumen des Reaktionsraumes.

Es soll nun untersucht werden, wie groß diese Teilräume sein müssen, damit die für jeden Teilraum vorgegebene Abreaktion des Gemisches um $\Delta \psi_\mu$ ausgelöst werden kann.

Die Frage nach der Größe der Teilräume ist gleichbedeutend mit der Frage nach der geometrischen Kontaktkörperoberfläche ΔF, die in jedem Teilraum unterzubringen ist.

$$\Delta V_R = \left(\frac{dV_R}{dF}\right) \Delta F , \qquad (156)$$

ΔF Schrittfläche.

Der Zusammenhang zwischen der reaktionsbedingten Zusammensetzungsänderung des Gemisches und der erforderlichen Kontaktstoffoberfläche ist durch die Gleichung

$$d\dot{M}_\mu = k_{\text{eff}} (\psi_{\mu_{\,gl}} - \psi_\mu)\, dF$$

gegeben.

Die Mengenänderung der Bezugskomponente kann ausgedrückt werden durch:

$$d\dot{M}_\mu = \frac{n_\mu}{\Sigma\, n_j} \left(\frac{n_\mu}{\Sigma\, n_j} - \psi'_\mu\right) \dot{M}' \; \frac{d\psi_\mu}{\left(\dfrac{n_\mu}{\Sigma\, n_j} - \psi_\mu\right)^2}$$

Daraus folgt:

$$\frac{k_{\text{eff}}}{\left(\dfrac{n_\mu}{\sum n_j} - \psi'_\mu\right)\dot M'}\, dF = \frac{\dfrac{n_\mu}{\sum n_j}}{(\psi_{\mu_{0gl}} - \psi_\mu)\left(\dfrac{n_\mu}{\sum n_j} - \psi_\mu\right)^2}\, d\psi_\mu. \tag{157}$$

Die Intregation der Gleichung ist möglich, wenn k_{eff} und $\psi_{\mu_{0gl}}$ als konstant angesehen werden können. Im allgemeinen ändern sich jedoch die effektive Geschwindigkeitskonstante und der Gleichgewichtsmolanteil längs des Reaktionsraumes. Daher wird immer nur über einen Teilraum des Reaktors integriert. Bei genügend kleinen Teilräumen wird man mit jeweils konstanten mittleren Werten für k_{eff} und $\psi_{\mu_{0gl}}$ rechnen dürfen.

Kennzeichnen m und n die Begrenzungsquerschnitte irgendeines Teilraumes, dann gilt für die eingeschlossene Schrittfläche ΔF:

$$\frac{\overline{k}_{\text{eff}}}{\left(\dfrac{n_\mu}{\sum n_j} - \psi'_\mu\right)\dot M'}\, \Delta F = \frac{n_\mu}{\sum n_j}\int\limits_m^n \frac{d\psi_\mu}{(\overline{\psi}_{\mu_{0gl}} - \psi_\mu)\left(\dfrac{n_\mu}{\sum n_j} - \psi_\mu\right)^2}.$$

Der Ausdruck unter dem Integralzeichen wird durch eine Partialbruchzerlegung auf die Integration vorbereitet:

$$\frac{1}{(\overline{\psi}_{\mu_{0gl}} - \psi_\mu)\left(\dfrac{n_\mu}{\sum n_j} - \psi_\mu\right)^2} = \frac{A}{\left(\dfrac{n_\mu}{\sum n_j} - \psi_\mu\right)^2} + \frac{B}{\left(\dfrac{n_\mu}{\sum n_j} - \psi_\mu\right)} + \frac{C}{(\overline{\psi}_{\mu_{0gl}} - \psi_\mu)}.$$

Ein Koeffizientenvergleich liefert die Konstanten

$$A = -\frac{1}{\dfrac{n_\mu}{\sum n_j} - \overline{\psi}_{\mu_{0gl}}},$$

$$B = -\frac{1}{\left(\dfrac{n_\mu}{\sum n_j} - \overline{\psi}_{\mu_{0gl}}\right)^2},$$

$$C = \frac{1}{\left(\dfrac{n_\mu}{\sum n_j} - \overline{\psi}_{\mu_{0gl}}\right)^2}.$$

Als Lösung der Ausgleichsgleichung folgt schließlich:

$$\frac{k_{\text{eff}}}{\left(\dfrac{n_\mu}{\sum n_j} - \psi'_\mu\right)\dot M'}\, \Delta F = \frac{\dfrac{n_\mu}{\sum n_j}}{\left(\dfrac{n_\mu}{\sum n_j} - \overline{\psi}_{\mu_{0gl}}\right)^2} \times$$

$$\times \left[\frac{\dfrac{n_\mu}{\sum n_j} - \overline{\psi}_{\mu_{0gl}}}{\dfrac{n_\mu}{\sum n_j} - \psi_{\mu_m}} - \frac{\dfrac{n_\mu}{\sum n_j} - \overline{\psi}_{\mu_{0gl}}}{\dfrac{n_\mu}{\sum n_j} - \psi_{\mu_n}} + \ln \frac{\dfrac{n_\mu}{\sum n_j} - \psi_{\mu_n}}{\dfrac{n_\mu}{\sum n_j} - \psi_{\mu_m}} \cdot \frac{\overline{\psi}_{\mu_{0gl}} - \psi_{\mu_n}}{\overline{\psi}_{\mu_{0gl}} - \psi_{\mu_m}}\right]. \tag{158}$$

Alle Glieder auf der rechten Seite der Gleichung können im i, ψ-Diagramm unmittelbar als Abszissendifferenzen abgegriffen werden. In Abb. 35 sind diese Differenzen für einen willkürlich aus der Zustandskurve herausgegriffenen Schritt $m - n$ besonders hervorgehoben worden.

Die rechte Seite der vorstehenden Gleichung läßt sich als Differenz

$$\Delta\Phi = \Phi(\psi_{\mu_n}, \overline{\psi}_{\mu_{0gl}}) - \Phi(\psi_{\mu_m}, \overline{\psi}_{\mu_{0gl}}) \tag{159}$$

einer Funktion

$$\Phi(\psi_\mu, \overline{\psi}_{\mu_{0gl}}) = \frac{\dfrac{n_\mu}{\Sigma n_j}}{\left(\dfrac{n_\mu}{\Sigma n_j} - \overline{\psi}_{\mu_{0gl}}\right)^2} \left| \frac{\dfrac{n_\mu}{\Sigma n_j} - \overline{\psi}_{\mu_{0gl}}}{\dfrac{n_\mu}{\Sigma n_j} - \psi_\mu} + \ln \left| \frac{\dfrac{n_\mu}{\Sigma n_j} - \psi_\mu}{\overline{\psi}_{\mu_{0gl}} - \psi_\mu} \right| \right. \tag{160}$$

schreiben. Φ soll als Flächenfunktion bezeichnet werden.

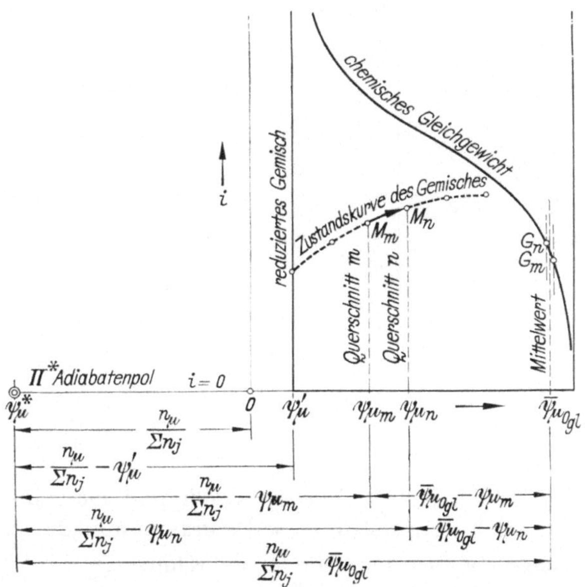

Abb. 35. Darstellung zu Gl. (158)

Für jede interessierende Reaktion, oder allgemeiner, für jeden Wert $n_\mu/\Sigma n_j$ kann die Flächenfunktion vorausberechnet und in einem Diagramm über $\overline{\psi}_{\mu_{0gl}}$ mit ψ_μ als Parameter aufgetragen werden. Die Funktionsdifferenz $\Delta\Phi$ für einen Rechenschritt $m - n$ erscheint in einem solchen Diagramm als Ordinatenabschnitt zwischen den Kurven ψ_{μ_m} = const und ψ_{μ_n} = const über dem mittleren Gleichgewichtsmolanteil $\overline{\psi}_{\mu_{0gl}}$ des betreffenden Schrittes und wird direkt abgegriffen, Abb. 36.

Die Schrittflächen lassen sich dann sehr schnell bestimmen:

$$\Delta F = \frac{\left(\dfrac{n_\mu}{\sum n_j} - \psi'_\mu\right)\dot{M}'}{\overline{k}_{\text{eff}}}\,\Delta\Phi.\tag{161}$$

Bei volumenbeständigen Reaktionen vereinfacht sich Gl. (158) zu:

$$\frac{\overline{k}_{\text{eff}}}{\dot{M}'}\,\Delta F = \ln\frac{\overline{\psi}_{\mu_{0gl}} - \psi_{\mu_n}}{\overline{\psi}_{\mu_{0gl}} - \psi_{\mu_m}} = \ln y.\tag{162}$$

Das Verhältnis der Molanteilgefälle

$$y = \frac{\overline{\psi}_{\mu_{0gl}} - \psi_{\mu_n}}{\overline{\psi}_{\mu_{0gl}} - \psi_{\mu_m}}$$

wählt man zweckmäßig schon bei der Konstruktion der Zustandskurve für alle Schritte gleich groß; ln y braucht dann nicht immer neu berechnet

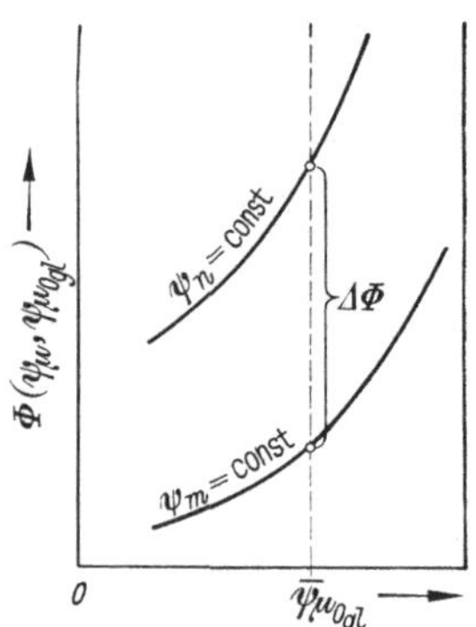

Abb. 36. Flächenfunktion Φ

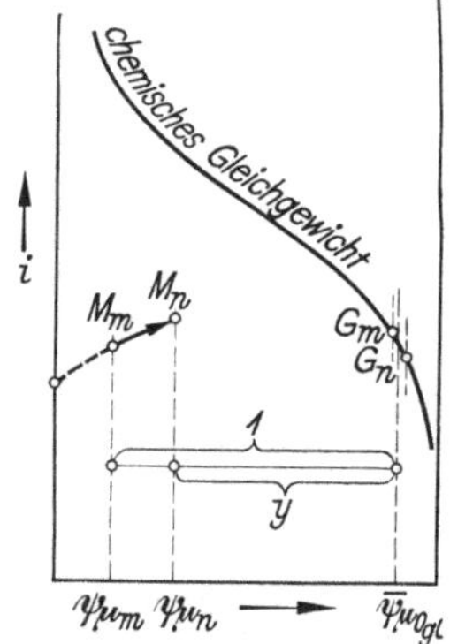

Abb. 37. Darstellung des Wertes y
in Gl. (162)

zu werden. Mit y liegt jedoch auch die Größe und somit der Gemischendzustand jedes Schrittes fest. Im i,ψ-Diagramm muß die Ordinate ψ_{μ_n} des Gemischendzustandes den Abszissenabschnitt $\overline{\psi}_{\mu_{0gl}} - \psi_{\mu_m}$ im Verhältnis $y:1$ teilen (Abb. 37). Das Abtragen der Schrittlänge im i,ψ-Diagramm wird erleichtert, wenn man für y ein ganzzahliges Verhältnis wählt (z. B. $y = {}^1/_2;\ {}^3/_4;\ {}^9/_{10}\ldots$).

Da sich die effektive Geschwindigkeitskonstante im allgemeinen längs des Reaktionsraumes ändert, haben die Schrittflächen der aufeinanderfolgenden Teilräume auch dann unterschiedliche Werte, wenn den Diagrammkonstruktionen ein gleichbleibender y-Wert zugrunde gelegt wird. Grundsätzlich kann man bei der Reaktorberechnung auch von gleich großen Schrittflächen für alle Teilräume ausgehen und daraus jeweils die Größe des Schrittes im i,ψ-Diagramm bestimmen. In diesem Falle wird jedoch die schrittweise Mittelwertbildung von k_{eff} und $\psi_{\mu_{ogl}}$ erschwert, da zunächst immer nur der Gemischzustand am Anfang des betreffenden Schrittes bekannt ist.

2.9 Temperaturänderung des Kühlmittels

Die in einem gekühlten Reaktionsraum frei werdende Reaktionswärme wird vorwiegend vom Kühlmittel aufgenommen. Da bei exothermen Kontaktreaktionen die Wärmetönung gewöhnlich sehr groß ist, kann sich das Kühlmittel beim Durchströmen des Reaktors merklich erwärmen. Diese Erwärmung muß bei der schrittweisen Berechnung des Reaktionsraumes berücksichtigt werden.

Abb. 38 zeigt den Teil eines gekühlten Reaktors, welcher von den Querschnitten m und n begrenzt wird. Aus dem eingeschlossenen Reaktionsraum mit dem Volumen ΔV_R und der geometrischen Kontaktkörperoberfläche ΔF geht an das Kühlmittel sekundlich die Wärmemenge ΔQ über:

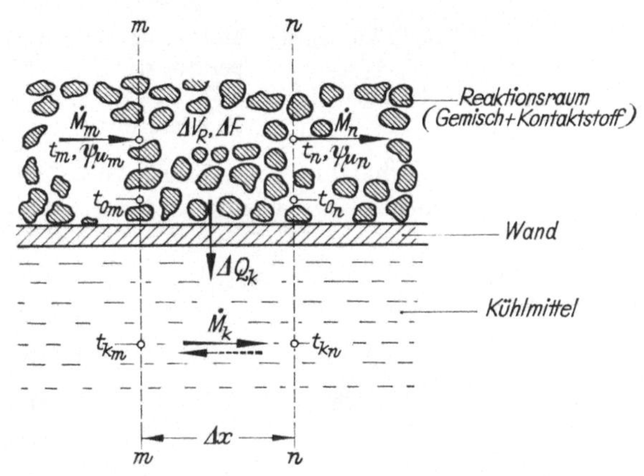

Abb. 38. Teilraum eines gekühlten Reaktors

$$\Delta Q_k = \int\limits_m^n dQ_k = \int\limits_m^n \frac{\alpha}{C_p}\, q_k\, dF. \tag{163}$$

Das Flächenelement kann nach Gl. (161) durch das Differential der Flächenfunktion ausgedrückt werden:

$$\Delta Q_k = \left(\frac{n_\mu}{\Sigma\, n_j} - \psi'_\mu\right)\dot{M}' \int\limits_m^n \frac{q_k}{\Lambda}\, d\Phi.$$

Für den Quotienten q_k/Λ wird der Mittelwert $\overline{(q_k/\Lambda)}$ des Rechenschrittes $m - n$ eingeführt und es folgt:

$$\Delta Q_k \approx \left(\frac{n_\mu}{\Sigma\, n_j} - \psi'_\mu\right)\dot{M}' \overline{\left(\frac{q_k}{\Lambda}\right)}\Delta\Phi. \tag{164}$$

Andererseits kann die Wärmeaufnahme des Kühlmittels durch dessen

Temperaturanstieg beschrieben werden:

$$\Delta Q_k = W_k \cdot \Delta t_k. \tag{165}$$

W_k [kcal/grd s]   „Wasserwert" des Kühlmittels,
Δt_k [grd]   Temperaturanstieg des Kühlmittels zwischen den Querschnitten m und n.

Beide Ausdrücke für Q_k werden gleichgesetzt. Eine geringfügige Umformung führt zu der Beziehung:

$$C_p' \, \Delta t_k \approx \left(\frac{n_\mu}{\sum n_j} - \psi_\mu' \right) \frac{W'}{W_k} \overline{\left(\frac{q_k}{\Lambda} \right)} \Delta \Phi. \tag{166}$$

C_p' [kcal/kmol grd]   Molwärme des reduzierten Gemisches bei der Temperatur t_k,
W' [kcal/grd s]   „Wasserwert" des reduzierten Gemisches bei der Temperatur t_k.

Da das Verhältnis der „Wasserwerte" W'/W_k im Bereich der Kühlmittelerwärmung nur wenig temperaturabhängig sein kann, darf der Ausdruck

$$B = \left(\frac{n_\mu}{\sum n_j} - \psi_\mu' \right) \frac{W'}{W_k} \tag{167}$$

als eine für alle Rechenschritte des Reaktors gültige Konstante angesehen werden.

Der Ausdruck

$$C_p' \cdot \Delta t_k = B \overline{\left(\frac{q_k}{\Lambda} \right)} \Delta \Phi \tag{168}$$

gibt im i, ψ-Diagramm die Ordinatendifferenz zwischen den Kühlmittelisothermen t_{k_m} und t_{k_n} auf der Ordinate ψ_μ' des reduzierten Gemisches an (Abb. 39). Schritt für Schritt muß die Enthalpiedifferenz $C_p' \cdot \Delta t_k$ berechnet und auf der Ordinate ψ_μ' abgetragen werden. Daraus folgt die Kühlkurve des Reaktors, die alle auf den Kühlmittelisothermen liegenden Konstruktionspunkte K verbindet und über die örtlichen Kühlmitteltemperaturen im Reaktor Auskunft gibt. Die Berechnung der Zustandskurve des Gemisches und der Kühlkurve muß Hand in Hand gehen.

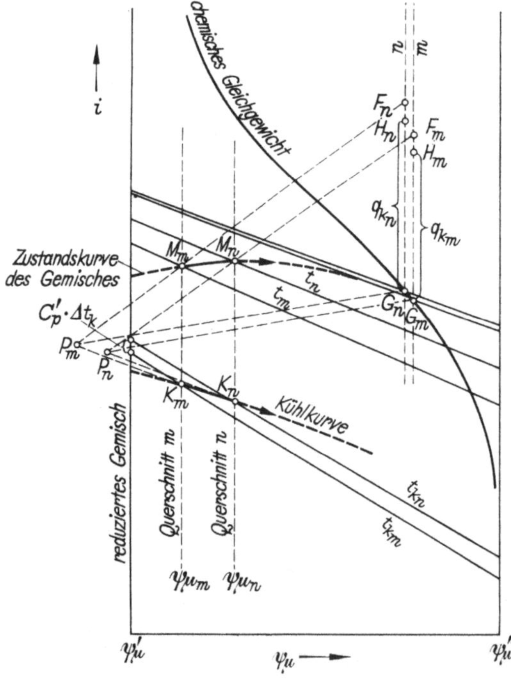

Abb. 39. Kühlkurve des Reaktors

Beim Abtragen von $C'_p \, \Delta t_k$ hat man zu beachten, ob Gleich- oder Gegenstromführung des Kühlmittels vorliegt.

Bei Gleichstromführung beginnt die Berechnung des Reaktionsraumes am Reaktoreintritt. Hier sind alle interessierenden Größen bekannt. Zum Reaktoraustritt hin muß sich das Kühlmittel stetig erwärmen, und $C'_p \, \Delta t_k$ muß demnach in Richtung steigender t_k-Werte abgetragen werden. Dieser Fall liegt der Darstellung in Abb. 39 zugrunde.

Bei Gegenstromführung muß $C'_p \, \Delta t_k$ in Richtung sinkender Temperaturen abgetragen werden. Der Gemischeintritt fällt jedoch mit dem Kühlmittelaustritt zusammen. Soll der Reaktionsraum vom Gemischeintritt zum Gemischaustritt hin durchgerechnet werden, so ist die Austrittstemperatur des Kühlmittels zunächst zu schätzen. Liefert die Rechnung für den Gemischaustritt eine Kühlmitteltemperatur, die von der Temperatur des zur Verfügung stehenden Kühlmittels merklich abweicht, muß sie korrigiert werden.

Man kann u. U. auch den Gemischzustand am Gemischaustritt vorgeben und den Reaktionsraum rückläufig durchrechnen. Daraus folgt für den Gemischeintritt die Vorwärmtemperatur des reaktionsfähigen Gemisches.

2.10 Resultierende axiale Wärmeleitmenge

Überall dort, wo das axiale Temperaturprofil des Kontaktkörperbettes im Reaktionsraum gekrümmt ist, ändert sich der längsgerichtete Wärmeleitstrom Q_λ. Daraus resultiert eine innere Kühlung oder Beheizung der betreffenden Orte, unabhängig vom sonstigen Wärmeaustausch mit der Umgebung oder einem Kühlmittel.

Für den Vergleichs- oder Diagrammwert der resultierenden Wärmeleitmenge war schon angegeben worden:

$$q_\lambda = - \frac{C_p}{\alpha} \, \lambda_B \, \frac{dV_R}{dF} \, \frac{\partial^2 t_B}{\partial x^2} \quad [\text{kcal/kmol}]\,[1].$$

Die Beziehung läßt sich auswerten, wenn Angaben über den Differentialquotienten $\partial^2 t_B / \partial x^2$ vorliegen.

Ist der axiale Temperaturverlauf im Kontaktkörperbett bekannt, so kann der Differentialquotient zweiter Ordnung $\partial^2 t_B / \partial x^2$ graphisch ermittelt werden. Dazu wird die Bettemperatur t_B über der Ortskoordinate x aufgetragen (Abb. 40). An die Kurve $t_B = f(x)$ werden Tangenten

---

[1] Ist der Reaktionsraum nicht über den ganzen Querschnitt mit Kontaktkörpern angefüllt, dann muß noch das Flächenverhältnis f_B/f_R eingeführt werden:

$$q_\lambda = - \frac{C_p}{\alpha} \, \lambda_B \, \frac{f_B}{f_R} \, \frac{dV_R}{dF} \, \frac{\partial^2 t_B}{\partial x^2},$$

f [m²] Querschnittsfläche des Kontaktkörperbettes.

angelegt und deren Steigungsmaße $\partial t_B / \partial x = f(x)$ abgegriffen und ebenfalls aufgetragen.

An den Stirnflächen E und A (Eintritt und Austritt) des Kontaktkörperbettes müssen für den Temperaturgradienten $\partial t_B / \partial x$ die Randbedingungen

$$\left(\frac{\partial t_B}{\partial x} \right)_E = \frac{t_{B_E} - t_E}{\dfrac{\lambda_B}{\alpha_{S_E}}} \,, \tag{169}$$

$$\left(\frac{\partial t_B}{\partial x} \right)_A = \frac{t_{B_A} - t_A}{\dfrac{\lambda_B}{\alpha_{S_A}}} \tag{170}$$

erfüllt sein.

$t_{B_E}; t_{B_A}$	Bettemperaturen am Ein- und Austritt,
$t_E; t_A$	Gemischtemperaturen am Ein- und Austritt,
$\alpha_{S_E}; \alpha_{S_A}$	Wärmeübertragungszahlen an den Stirnflächen.

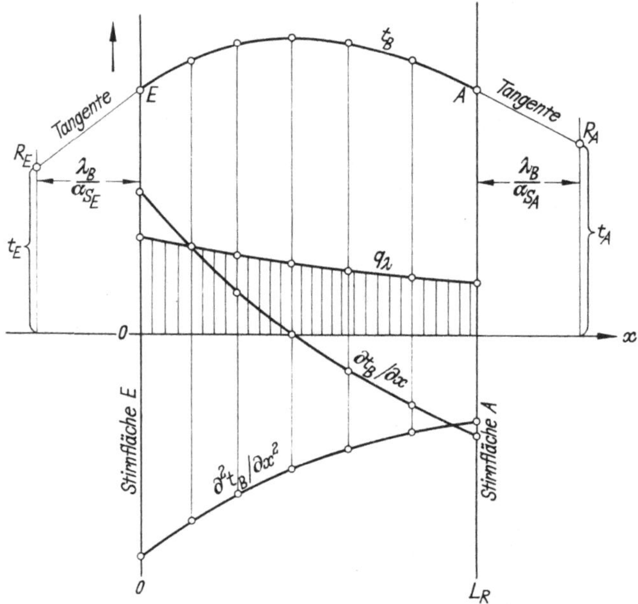

Abb. 40. $t_B = f(x)$, $\partial t_B / \partial x = f(x)$, $\partial^2 t_B / \partial x^2 = f(x)$, $q_\lambda = f(x)$

Demnach müssen die Tangenten an die Eintritts- und Austritts-
punkte E und A der Temperaturkurve $t_B = f(x)$ in zwei Richtpunkte R_E
und R_A einlaufen, die durch die örtlichen Gemischtemperaturen t_E und
t_A bestimmt sind und die Abstände λ_B / α_{S_E} und λ_B / α_{S_A} von den Stirnflächen haben.

Der Differentialquotient zweiter Ordnung $\partial^2 t_B/\partial x^2 = f(x)$ folgt schließlich als Steigungsmaß der Kurve $\partial t_B/\partial x = f(x)$.

Vor der ersten Durchrechnung des Reaktionsraumes ist der Temperaturverlauf im Kontaktkörperbett noch unbekannt. Man wird daher die axialen Wärmeleitvorgänge im Reaktor zunächst einmal vernachlässigen oder abschätzen. Ergibt sich bei dieser Rechnung ein merklich gekrümmtes Profil $t_B = f(x)$, so wird daraus $q_\lambda = f(x)$ ermittelt und einer zweiten Durchrechnung des Reaktionsraumes zugrunde gelegt. Wenn nötig, kann noch eine Kontrollrechnung für $q_\lambda = f(x)$ angeschlossen werden.

3. Reaktionen zwischen Gasen und festen (oder flüssigen) Stoffen

Bei katalytisch wirkenden Gas/Feststoff-Reaktionen[1] übernehmen feste Reaktanten die Rolle der Kontaktstoffe. Da jedoch ein solcher Kontaktstoff durch die Reaktion selbst aufgezehrt (gebildet) wird, muß er — bei stationärem Reaktorbetrieb — stetig ersetzt (abgeführt) werden. Der Feststoff wandert dann von der Eingabestelle im Gleich- oder Gegenstrom zum gasförmigen Reaktionsgemisch durch den Reaktionsraum und wird dabei örtlich teils Wärme speichern, teils Wärme abgeben. Er hat durch seinen stofflichen Umsatz nicht nur primären Anteil an der Wärmetönung der Reaktion, sondern beeinflußt durch sein Wärmespeichervermögen auch sekundär den örtlichen Wärmehaushalt des Reaktors. Daneben werden Temperaturgradienten im Festkörperbett die schon bei den reinen Gasreaktionen behandelten örtlichen Wärmeleitvorgänge auslösen.

Haben die Festkörper ein poröses Gefüge, so ändern sich mit wachsendem „Abbrand" nicht nur ihre äußeren Abmessungen, sondern gewöhnlich auch ihre inneren geometrischen Daten (Porosität, Porendurchmesser usw.).

Technisch wichtige Beispiele für Gas/Feststoff-Reaktionen sind unter anderem die Boudouard-Reaktion

$$C_{fest} + CO_2 = 2\,CO$$

und die Wassergas-Reaktion

$$C_{fest} + H_2O = CO + H_2.$$

Auch Verdampfungs-, Kondensations- und Sublimationsvorgänge können als derartige chemische Reaktionen aufgefaßt und entsprechend behandelt werden.

---

[1] In den folgenden Abschnitten wird oft nur von Feststoffen die Rede sein. An die Stelle der Feststoffe können jedoch ebensogut Flüssigkeiten treten.

Um die Allgemeingültigkeit der Ausführungen nicht einzuschränken, soll von der Reaktionsgleichung

$$n_{f_{\mathrm{I}}} A_{f_{\mathrm{I}}} + \cdots + n_{\mathrm{I}} A_{\mathrm{I}} + \cdots = n_{\mathrm{II}} A_{\mathrm{II}} + n_{\mathrm{III}} A_{\mathrm{III}} + \cdots \tag{171}$$

ausgegangen werden, die sich auf beliebig viele Komponenten anwenden läßt.

$A_{f_{\mathrm{I}}} \ldots A_{f_j} \ldots$ feste (oder flüssige) Reaktanten,

$A_{\mathrm{I}} \ldots A_j \ldots$ gasförmige Reaktanten,

$n_{f_{\mathrm{I}}} \ldots n_{f_j} \ldots$ Reaktionszahlen der festen (oder flüssigen) Reaktanten,

$n_{\mathrm{I}} \ldots n_j \ldots$ Reaktionszahlen der gasförmigen Reaktanten.

Die festen (oder flüssigen) wie die gasförmigen Reaktanten können sowohl Reaktionspartner als auch Reaktionsprodukte sein.

3.1 Reaktionsgemisch

Als Reaktionsgemisch, oder kurz Gemisch, wird hier die Summe aller an der Reaktion beteiligten gasförmigen Reaktanten und Inertstoffe bezeichnet. Feste Stoffe hingegen werden in das Reaktionsgemisch nicht eingeschlossen — auch keine festen Reaktanten.

Die Gesamtmenge des laufend abreagierenden Gemisches beträgt:

$$M = M_{\mathrm{I}} + M_{\mathrm{II}} + M_{\mathrm{III}} + \cdots + M_{N_{\mathrm{I}}} + M_{N_{\mathrm{II}}} + \cdots = \sum_g M_j \ [\text{kmol}]. \tag{172}$$

Seine Zusammensetzung wird in Molanteilen angegeben:

$$\psi_j = \frac{M_j}{M} = \frac{M_j}{\sum\limits_g M_j} \ [\text{kmol/kmol}], \tag{173}$$

$$\psi_{\mathrm{I}} + \psi_{\mathrm{II}} + \psi_{\mathrm{III}} + \cdots + \psi_{N_{\mathrm{I}}} + \psi_{N_{\mathrm{II}}} + \cdots = \sum_g \psi_j = 1. \tag{174}$$

Die infinitesimalen Mengenänderungen zweier beliebiger Reaktionskomponenten A_j und A_μ verhalten sich zueinander wie ihre zugehörigen Reaktionszahlen:

$$\frac{dM_j}{dM_\mu} = \frac{n_j}{n_\mu}. \tag{175)^1}$$

Ebenso gilt:

$$\frac{dM_j}{dM} = \frac{dM_j}{d\left(\sum\limits_g M_j\right)} = \frac{n_j}{\sum\limits_g n_j}. \tag{176}$$

Hat das Reaktionsgemisch zu einem Zeitpunkt a die Menge ^aM, zu einem Zeitpunkt b die Menge ^bM, so gilt für das Mengenverhältnis [analog Gl. (9)]:

$$\frac{^aM}{^bM} = \frac{\dfrac{n_j}{\sum\limits_g n_j} - {^b}\psi_j}{\dfrac{n_j}{\sum\limits_g n_j} - {^a}\psi_j}. \tag{177}$$

---

[1] Die Beziehung gilt für gasförmige und feste Reaktionskomponenten.

ψ_j kann der Molanteil jeder beliebigen Gemischkomponente sein. Demnach besteht für zwei Molanteile ψ_j und ψ_u des Gemisches die Beziehung:

$$\frac{\dfrac{n_j}{\sum\limits_g n_j} - {}^a\psi_j}{\dfrac{n_j}{\sum\limits_g n_j} - {}^b\psi_j} = \frac{\dfrac{n_u}{\sum\limits_g n_j} - {}^a\psi_u}{\dfrac{n_u}{\sum\limits_g n_j} - {}^b\psi_u} . \tag{178}$$

Da die Beziehung auf beliebige Reaktionszeitpunkte angewendet werden darf, liefert sie auch den Zusammenhang zwischen der Zusammensetzung des laufenden Gemisches

$$\psi_I + \psi_{II} + \psi_{III} + \cdots + \psi_{N_I} + \psi_{N_{II}} + \cdots = \sum_g \psi_j = 1$$

und der Zusammensetzung des reduzierten Gemisches

$$\psi'_I + \psi'_{II} + \psi'_{III} + \cdots + \psi'_{N_I} + \psi'_{N_{II}} + \cdots = \sum_g \psi'_j = 1 .$$

Man hat nur zu setzen:

$${}^a\psi_I = \psi'_I ; \quad {}^a\psi_{II} = \psi'_{II} \cdots$$

$${}^b\psi_I = \psi_I ; \quad {}^b\psi_{II} = \psi_{II} \cdots .$$

Neben der Gemischmenge M ändert sich im Zeitintervall $a - b$ auch die Menge der Feststoffe

$$M_f = M_{f_I} + M_{f_{II}} + \cdots = \sum_f M_j \quad [\text{kmol}] . \tag{179}$$

Vergleicht man die Mengenänderungen einer festen Komponente A_{f_j} mit der Mengenänderung einer Gemischkomponente A_j, so gilt:

$$\frac{{}^aM_{f_j} - {}^bM_{f_j}}{{}^aM_j - {}^bM_j} = \frac{n_{f_j}}{n_j} . \tag{180}$$

Die Änderungen der Gesamtmengen M_f und M verhalten sich zueinander wie

$$\frac{{}^aM_f - {}^bM_f}{{}^aM - {}^bM} = \frac{\sum\limits_f n_j}{\sum\limits_g n_j} . \tag{181}$$

Formt man die Beziehung etwas um, so erhält man für die Änderung der gesamten Feststoffmenge:

$$\Delta M_f = {}^aM_f - {}^bM_f = {}^aM \frac{\sum\limits_f n_j}{\sum\limits_g n_j} \frac{{}^a\psi_j - {}^b\psi_j}{\dfrac{n_j}{\sum\limits_g n_j} - {}^b\psi_j} . \tag{182}$$

Die spezifische Enthalpie des Reaktionsgemisches beträgt:

$$i = \psi_I i_I + \psi_{II} i_{II} + \psi_{III} i_{III} + \cdots + \psi_{N_I} i_{N_I} + \psi_{N_{II}} i_{N_{II}} + \cdots = \sum_g \psi_j i_j . \tag{183}$$

6*

Die Molanteile ψ_j der einzelnen Gemischkomponenten werden wieder durch den Molanteil ψ_μ einer bestimmten Gemischkomponente A_μ (Bezugskomponente) ausgedrückt:

$$i = \frac{\sum\limits_g n_j i_j}{\sum\limits_g n_j} - \frac{\dfrac{n_\mu}{\sum\limits_g n_j} - \psi_\mu}{\dfrac{n_\mu}{\sum\limits_g n_j} - \psi'_\mu} \left[\frac{\sum\limits_g n_j i_j}{\sum\limits_g n_j} - \sum\limits_g \psi'_j i_j \right]. \tag{184}$$

ψ'_j [kmol/kmol]   Molanteile des reduzierten Gemisches,

$\sum\limits_g \psi'_j i_j$ [kcal/kmol]   Spezifische Enthalpie des reduzierten Gemisches bei der augenblicklichen Gemischtemperatur t.

Durch partielles Differenzieren unter der Bedingung $t = \text{konstant}$ folgt der Gradient

$$\left(\frac{\partial i}{\partial \psi_\mu} \right)_{t=\text{const}} = \frac{\dfrac{\sum\limits_g n_j i_j}{\sum\limits_g n_j} - \sum\limits_g \psi'_j i_j}{\dfrac{n_\mu}{\sum\limits_g n_j} - \psi'_\mu}. \tag{185}$$

Der Gradient ist unabhängig von ψ_μ; die Isothermen des i, ψ-Diagrammes einer Gas/Feststoff-Reaktion verlaufen demnach ebenfalls geradlinig.

Die Gleichgewichtszusammensetzung des Reaktionsgemisches kann wieder aus den Gleichgewichtskonstanten

$$K_{p_{\text{ideal}}} = f(T)$$

bzw.

$$K_{r_{\text{ideal}}} = f(T, P)$$

bestimmt werden.

Für Gas/Feststoff-Reaktionen läßt sich herleiten:

$$K_{r_{\text{ideal}}} = \frac{K_{p_{\text{ideal}}}}{P^{\sum\limits_g n_j}}, \tag{186}$$

$$K_r = \prod_g \left[\frac{n_j}{\sum\limits_g n_j} - \frac{\dfrac{n_j}{\sum\limits_g n_j} - \psi'_j}{\dfrac{n_\mu}{\sum\limits_g n_j} - \psi'_\mu} \left(\frac{n_\mu}{\sum\limits_g n_j} - \psi_{\mu gl} \right) \right]^{n_j}, \tag{187}$$

$$\ln K_r = \sum_g \left[n_j \cdot \ln \left| \frac{n_j}{\sum\limits_g n_j} - \frac{\dfrac{n_j}{\sum\limits_g n_j} - \psi'_j}{\dfrac{n_\mu}{\sum\limits_g n_j} - \psi'_\mu} \left(\frac{n_\mu}{\sum\limits_g n_j} - \psi_{\mu gl} \right) \right| \right], \tag{188}$$

$$K_\mathrm{r} = \frac{K_{\mathrm{r}_\text{ideal}}}{\prod\limits_{g} f_j^{n_j}} .\tag{189}$$

Ein Vergleich läßt erkennen, daß die Beziehungen für die gasförmigen Gemische der Gas/Feststoff-Reaktionen einen völlig gleichen Aufbau haben, wie die entsprechenden Beziehungen für Gemische reiner Gasreaktionen.

3.2 i, ψ-Diagramm für Gas/Feststoff-Reaktionen

Auch beim i, ψ-Diagramm für Gas/Feststoff-Reaktionen dient als Ordinate nur die spezifische Enthalpie i [kcal/kmol] des gasförmigen Reaktionsgemisches, nicht etwa die spezifische Enthalpie aller Reaktionskomponenten. Die Abszisse bildet der Molanteil ψ_μ [kmol/kmol] einer Gemischkomponente (Abb. 41).

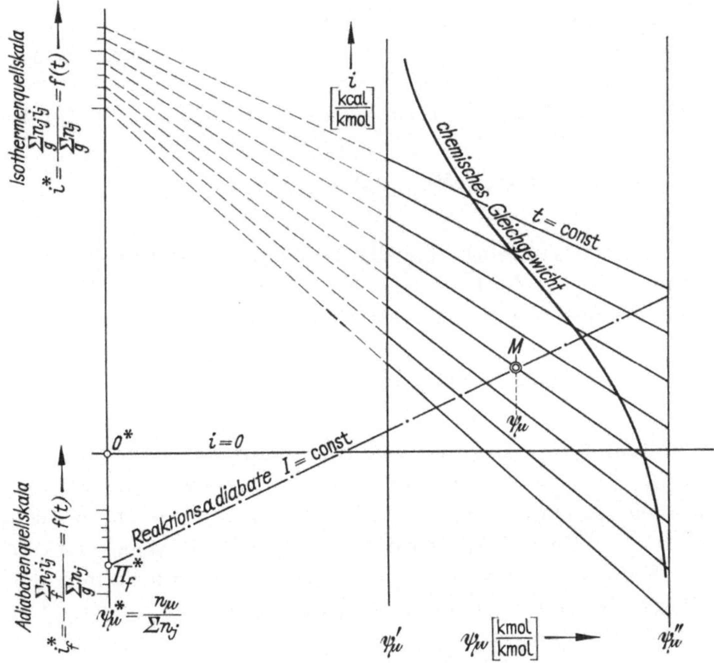

Abb. 41. i, ψ-Diagramm einer Gas/Feststoff-Reaktion. Bezugskomponente A_μ = Reaktionsprodukt

Für die Lage der Isothermen im Diagramm gilt dann das Gleiche was schon zu den reinen Gasreaktionen in Abschn. 2.21 gesagt wurde: Auf einer Ordinate

$$\psi_\mu^* = \frac{n_\mu}{\sum\limits_{g} n_j}\tag{190}$$

wird die fiktive Gemischenthalpie

$$i^* = \frac{\sum\limits_{g} n_j\, i_j}{\sum\limits_{g} n_j} = f(t) \tag{191}$$

zur Isothermenquellskala aufgetragen. Weitere Isothermenpunkte liefert die spezifische Enthalpie des reduzierten Gemisches

$$i' = \sum\limits_{g} \psi'_j\, i_j = f(t,\ \psi'_\mathrm{I},\ \psi'_\mathrm{II}\ \ldots) \tag{192}$$

auf der Ordinate ψ'_μ. Die einander entsprechenden Temperaturpunkte auf den beiden Ordinaten werden durch Geraden verbunden und ergeben das Isothermennetz.

Die Gleichgewichtszustände des Gemisches werden nach den Beziehungen (186) bis (189) berechnet und unter Zwischenschaltung eines Gleichgewichtsdiagrammes nach Abb. 1 in das i, ψ-Diagramm übertragen.

Änderungen gegenüber den Ausführungen zu reinen Gasreaktionen ergeben sich, wenn Reaktionsadiabaten in das i, ψ-Diagramm eingezeichnet werden sollen:

Die Reaktionsadiabate der Gas/Feststoff-Reaktion muß der Bedingung

$$I = \sum\limits_{gf} \dot{M}_j\, i_j = \sum\limits_{gf} \dot{M}'_j\, i'_j = \text{const} \tag{193}$$

folgen; d. h. die Gesamtenthalpie aller beteiligten gasförmigen und festen Stoffe muß zu jedem Zeitpunkt der Reaktion den gleichen Wert haben.

Das gasförmige Gemisch kann formal von den Feststoffen getrennt werden:

$$\dot{M} \cdot i + \sum\limits_{f} \dot{M}_j\, i_j = \dot{M}' \cdot i' + \sum\limits_{f} \dot{M}_j\, i_j. \tag{194}$$

Der vollkommen adiabate Reaktionsablauf in einem stationär betriebenen Reaktor setzt nicht nur einen wärmedichten Reaktionsraum, sondern auch ein isothermes Festkörperbett voraus. — In einem nicht-isothermen Festkörperbett würden Wärmeleitvorgänge eine örtlich adiabate Reaktion verhindern[1]. — Die spezifischen Enthalpien der einzelnen Feststoffe müssen demnach konstant sein.

$$i_{f_j} = i'_{f_j} = \text{const}.$$

Dann ergibt sich für die spezifische Enthalpie des Gemisches die Beziehung:

$$i_{I\,=\,\text{const}} = \frac{1}{\dot{M}}\left[\dot{M}' \cdot i' + \sum\limits_{f} (\dot{M}'_j - \dot{M}_j)\, i_j\right]. \tag{195}$$

---

[1] Die axiale Wärmeableitung in der Gasphase wird vernachlässigt.

Mit den Substitutionen

$$\frac{\dot{M}'}{\dot{M}} = \frac{\dfrac{n_u}{\sum\limits_g n_j} - \psi_u}{\dfrac{n_u}{\sum\limits_g n_j} - \psi'_u}\,,$$

$$\frac{\dot{M}'_{f_j} - \dot{M}_{f_j}}{\dot{M}' - \dot{M}} = \frac{n_{f_j}}{\sum\limits_g n_j}$$

folgt:

$$i_{I\,=\,\text{const}} = \frac{\dfrac{n_u}{\sum\limits_g n_j} - \psi_u}{\dfrac{n_u}{\sum\limits_g n_j} - \psi'_u}\left(i' + \frac{\sum\limits_f n_j i_j}{\sum\limits_g n_j}\right) - \frac{\sum\limits_f n_j i_j}{\sum\limits_g n_j}\,, \tag{196}$$

$$\left(\frac{\partial i}{\partial \psi_u}\right)_{I\,=\,\text{const}} = -\,\frac{i' + \dfrac{\sum\limits_f n_j i_j}{\sum\limits_g n_j}}{\dfrac{n_u}{\sum\limits_g n_j} - \psi'_u} \tag{197}$$

Der Gradient gibt wieder die Neigung der Adiabaten im i, ψ-Diagramm an. Die Neigung ist unabhängig vom Grad der Abreaktion, d. h. die Diagrammadiabaten verlaufen geradlinig.

Man erkennt, daß die Adiabaten in einem Punkt Π_f^* auf der Ordinate $\psi_u^* = n_u / \sum\limits_g n_j$ einmünden müssen, der durch die spezifische Enthalpie

$$i_f^* = -\,\frac{\sum\limits_f n_j i_j}{\sum\limits_g n_j} \quad [\text{kcal/kmol}] \tag{198}$$

festgelegt wird (Abb. 41).

i_f^* hängt von der Temperatur der Feststoffe ab. Die Adiabaten des i, ψ-Diagrammes für Gas/Feststoff-Reaktionen haben daher ihren Ursprung nicht in einem gemeinsamen Pol, sondern in einer Enthalpieskala

$$i_f^* = f(t)\,.$$

Die Skala soll als Adiabatenquellskala bezeichnet werden. Sie ist unabhängig von der reduzierten Zusammensetzung des Gemisches.

Zwischen der Adiabatenquellskala und der Isothermenquellskala bestehen feste Bindungen:

Temperaturgleiche Punkte beider Skalen müssen auf der Ordinate ψ_u^* um den Betrag

$$\frac{\sum\limits_g n_j i_j}{\sum\limits_g n_j} + \frac{\sum\limits_f n_j i_j}{\sum\limits_g n_j} = \frac{\sum\limits_{gf} n_j i_j}{\sum\limits_g n_j} \quad [\text{kcal/kmol}] \tag{199}$$

voneinander entfernt liegen. Dabei ist

$$-\sum_{gf} n_j\, i_j = q \quad [\text{kcal/kmol}] \tag{200}$$

die Wärmetönung der Gas/Feststoff-Reaktion.

Die relative Lage des Netzes der spezifischen Isenthalpen ($i = \text{const}$) zum Isothermennetz hängt wieder von der Wahl der Enthalpienullpunkte der Gemischkomponenten ab. Während jedoch bei den reinen Gasreaktionen die spezifische Isenthalpe $i = 0$ immer nur um einen Festpunkt Π^* auf der Ordinaten ψ_μ^* — dem sogenannten Adiabatenpol — geschwenkt werden konnte, entfällt bei den Gas/Feststoff-Reaktionen diese Bindung. Der Grund liegt darin, daß im Reaktionsgemisch die festen Reaktanten nicht vertreten sind. Die Gl. (200) kann also auch dann befriedigt werden, wenn man die Enthalpienullpunkte aller gasförmigen Reaktanten frei wählt. Die spezifische Isenthalpe $i = 0$ kann deshalb jede beliebige Lage im i, ψ-Diagramm der Gas/Feststoff-Reaktion einnehmen.

Bei volumenbeständigen Gas/Feststoff-Reaktionen,

$$\sum_g n_j = 0\,,$$

lassen sich die Isothermen- und Adiabatenquellskala des i, ψ-Diagrammes nicht mehr abbilden. Der fiktive Molanteil ψ_μ^* der Bezugskomponente A_μ und die fiktiven Enthalpien i^* und i_f^* von Gemisch und Feststoff nehmen unendlich große Werte an:

$$\psi_\mu^* = \frac{n_\mu}{\displaystyle\sum_g n_j} = \pm\infty,$$

$$i^* = \frac{\displaystyle\sum_g n_j\, i_j}{\displaystyle\sum_g n_j} = \pm\infty,$$

$$i_f^* = -\frac{\displaystyle\sum_f n_j\, i_j}{\displaystyle\sum_g n_j} = \mp\infty,$$

$$i^* - i_f^* = \frac{\displaystyle\sum_{gf} n_j\, i_j}{\displaystyle\sum_g n_j} = \pm\infty.$$

Die Neigungen der Isothermen und Adiabaten behalten jedoch endliche Werte und werden unabhängig von der Zusammensetzung des reduzierten Gemisches:

$$\left(\frac{\partial i}{\partial \psi_\mu}\right)_{\substack{t=\text{const}\\ \sum_g n_j = 0}} = \frac{\displaystyle\sum_g n_j\, i_j}{n_\mu}\,, \tag{201}$$

$$\left(\frac{\partial i}{\partial \psi_\mu}\right)_{\substack{I=\text{const}\\ \sum_g n_j = 0}} = -\frac{\displaystyle\sum_f n_j\, i_j}{n_\mu}\,. \tag{202}$$

Die Neigungen der Isothermen hängen nur noch von der Gemisch-temperatur, die Neigungen der Adiabaten nur noch von der Feststoff-temperatur ab. Dadurch wird eine einfache, allgemeine Darstellung der Isothermen- und Adiabatenneigungen auch ohne Isothermen- und Adiabatenquellskala möglich (Abb. 42).

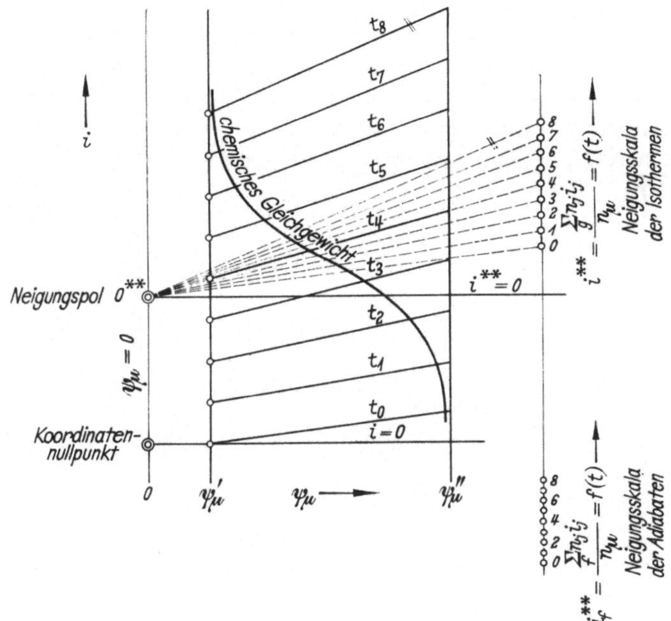

Abb. 42. i, ψ-Diagramm für volumenbeständige Gas/Feststoff-Reaktion
$\sum_g n_j = 0$, $A_\mu =$ Reaktionsprodukt

Auf der Diagrammordinate $\psi_\mu = 1$ wird die spezifische Enthalpie

$$i^{**} = \frac{\sum\limits_g n_j\, i_j}{n_\mu} = f(t) \quad \text{[kcal/kmol]} \tag{203}$$

zu einer Neigungsskala für die Isothermen, und die spezifische Enthalpie

$$i_f^{**} = \frac{\sum\limits_f n_j\, i_j}{n_\mu} = f(t) \quad \text{[kcal/kmol]} \tag{204}$$

zu einer Neigungsskala für die Adiabaten abgetragen. Den Bezugspol 0^{**} für die Neigungsskalen bildet dann der Schnittpunkt der Skalenisen-thalpe $i^{**} = 0$ mit der Ordinatenachse $\psi_\mu = 0$.

Die Skalenisenthalpe $i^{**} = 0$ braucht nicht mit der spezifischen Isenthalpe $i = 0$ des i, ψ-Diagrammes zusammenzufallen, sondern kann eine andere Höhenlage haben.

Die Neigungen der Isothermen und Adiabaten ergeben sich aus den Verbindungsgeraden zwischen dem Bezugspol 0^{**} und den betreffenden Temperaturpunkten auf den Neigungsskalen.

Die Lage der Isothermen im Diagramm erhält man am einfachsten, wenn man zur Ordinate ψ'_μ des reduzierten Gemisches die ausgezeichneten Temperaturpunkte $i' = f(t, \psi'_\mu)$ berechnet.

Mit festen Adiabaten kann das i, ψ-Diagramm für Gas/Feststoff-Reaktionen nicht versehen werden; für jede Feststoff-Temperatur ergäbe sich bereits ein Adiabatennetz. Man zeichnet daher jeweils nur die Adiabaten ins i, ψ-Diagramm ein, die gerade benötigt werden.

Mit den Neigungsskalen kann genau so operiert werden wie mit den Quellskalen.

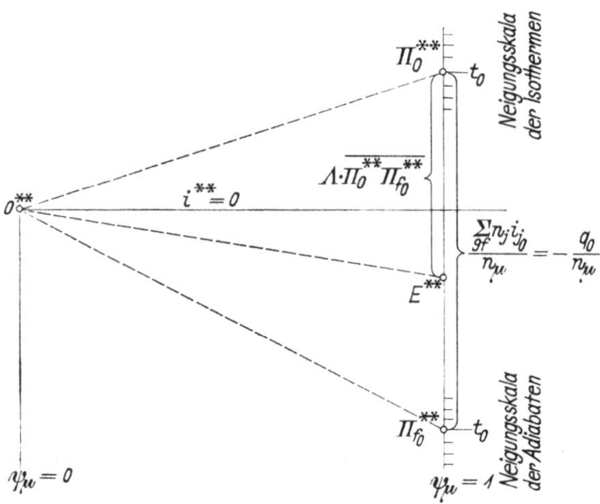

Abb. 43. Konstruktion der relativen Neigung $\Lambda \dfrac{q_0}{n_\mu}$

Beispiel: Bei den Diagrammkonstruktionen wird oft eine Gerade benötigt, die gegenüber der Isotherme t_0 um das Maß $\Lambda\, q_0/n_\mu$ geneigt ist.

Die Ermittlung ist einfach (Abb. 43): Der Temperatur t_0 entsprechen auf den Neigungsskalen die Punkte Π_0^{**} und $\Pi_{f_0}^{**}$. Man teilt den Ordinatenabschnitt

$$\overline{\Pi_0^{**} \Pi_{f_0}^{**}} = \frac{\sum\limits_{gf} n_j i_{j_0}}{n_\mu} = -\frac{q_0}{n_\mu}$$

im Verhältnis $1 : \Lambda$,

$$\frac{\overline{\Pi_0^{**} \Pi_{f_0}^{**}}}{\overline{\Pi_0^{**} E^{**}}} = \frac{1}{\Lambda},$$

und erhält den Teilungspunkt E^{**}. Die Verbindungsgerade $\overline{0^{**} E^{**}}$ hat die gewünschte Neigung.

3.3 Darstellung des Reaktionsablaufes im i, ψ-Diagramm

3.31 Ungekühlter Reaktionsraum

In einem ungekühlten Reaktionsraum reagiere ein gasförmiges Gemisch mit einem Feststoff. Abb. 44 stellt ein Raumelement des betreffenden Reaktors dar.

Das strömende Gemisch habe im Raumelement die Temperatur t und eine dem Molanteil ψ_μ entsprechende Zusammensetzung. An der geometrischen Oberfläche des Feststoffes habe sich der Gemischzustand (t_a, ψ_{μ_a}), an der Phasengrenzfläche der Gemischzustand (t_0, ψ_{μ_0}) eingestellt.

Um den Feststoff im Raumelement wird eine ortsfeste Bilanzhülle gelegt. Um diese Bilanzhülle anschaulich darstellen zu können, wurde in Abb. 44 der Gemischraum vom Festkörperraum schematisch getrennt.

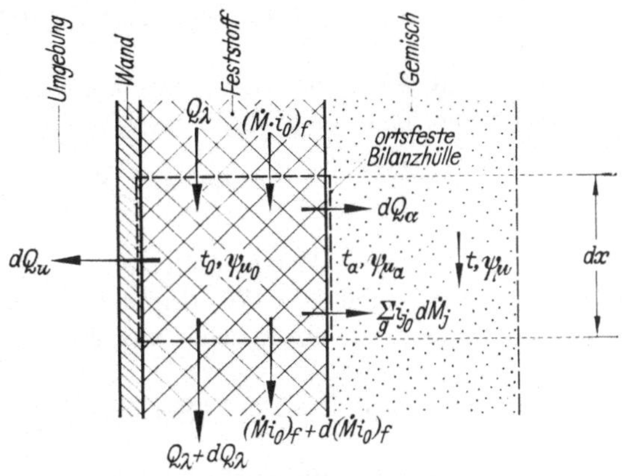

Abb. 44. Reaktorelement (schematisch)

Infolge seines „Abbrandes" durchwandert der Feststoff langsam die Bilanzhülle. Dabei ändert sich seine Gesamtenthalpie um den Betrag

$$d(\dot{M} \cdot i_0)_f,$$

i_{f_0} [kcal/kmol] spezifische Enthalpie des Feststoffes bei der Temperatur $t_f = t_0$ (geringfügige Temperaturunterschiede innerhalb der Feststoffkörper werden vernachlässigt).

Die Gesamtenthalpie des Feststoffes wird gebildet aus der Enthalpiesumme aller Feststoffkomponenten (feste Reaktanten und Inertstoffe):

$$d(\dot{M} \cdot i_0)_f = d\sum_f (\dot{M}_j \cdot i_{j_0}) \quad [\text{kcal/s}],$$

$i_{f_{j_0}}$ [kcal/kmol] spezifische Enthalpie der Feststoffkomponenten A_{f_j} bei der Temperatur t_0.

Der reaktionsbedingte Stofftransport im Raumelement zwischen Feststoff und Gemisch bewirkt einen Enthalpiestrom der Größe

$$\sum_g i_{j_0} d\dot{M}_j \quad [\text{kcal/s}].$$

Durch Leitung und Konvektion wird von der Feststoffoberfläche an das Gemisch die Wärmemenge dQ_α übertragen. An die Umgebung fließt aus der Bilanzhülle die Wärmemenge dQ_u ab. Die axial durch die Bilanzhülle geleitete Wärmemenge ändert sich um dQ_λ.

Die Wärmebilanz der ortsfesten Hülle lautet:

$$d \sum_f \dot{M}_j\, i_{j_0} + \sum_g i_{j_0}\, d\dot{M}_j + dQ_\alpha + dQ_u + dQ_\lambda\,, \qquad (205)$$

oder etwas umgeformt:

$$-\sum_{gf} i_{j_0}\, d\dot{M}_j = dQ_\alpha + dQ_u + dQ_\lambda + \sum_f \dot{M}_j\, d i_{j_0}\,. \qquad (206)$$

Die linke Seite der Gleichung stellt die durch die Reaktion an der Feststoffoberfläche frei werdende Wärmemenge dQ_r dar.

$$dQ_r = -\sum_{gf} i_{j_0}\, d\dot{M}_j\,. \qquad (207)$$

Drückt man die Mengenänderung $(d\dot{M}_j)_{gf}$ der einzelnen Reaktionskomponenten nach Gl. (175) durch die Mengenänderung dM_μ der Bezugskomponente des Gemisches aus, so folgt:

$$dQ_r = -\frac{d\dot{M}_\mu}{n_\mu} \sum_{gf} n_j\, i_{j_0} = \frac{d\dot{M}_\mu}{n_\mu}\, q_0 \quad [\mathrm{kcal/s}]\,, \qquad (208)$$

$q_0 = -\sum\limits_{gf} n_j\, i_{j_0}$ Wärmetönung der Gas/Feststoff-Reaktionen bei der Temperatur t_0.

Der Stoffstrom $d\dot{M}_\mu$ folgt der Gl. (78). Damit erhält man für die Reaktionswärme die Beziehung:

$$dQ_r = k_{\mathrm{eff}}(\psi_{\mu_{0gl}} - \psi_\mu)\, \frac{q_0}{n_\mu}\, dF \quad [\mathrm{kcal/s}]\,, \qquad (209)$$

$F\ [\mathrm{m^2}]$ geometrische Oberfläche des Kontaktstoffes.

Die Beziehung hat den gleichen Aufbau wie die für reine Gasreaktionen angegebene Beziehung (82) und kann analog angewendet werden.

Die Enthalpiesumme auf der rechten Seite der Gl. (206) gibt die Wärmemenge dQ_f an, die von den Feststoffen beim Durchwandern des Raumelements gespeichert wird.

$$dQ_f = \sum_f \dot{M}_j\, d i_{j_0} = \sum_f \dot{M}_j\, C_j\, d t_0 \quad [\mathrm{kcal/s}]\,, \qquad (210)$$

$C_{f_i}\ [\mathrm{kcal/kmol\ grd}]$ Molwärmen der Feststoffkomponenten.

dQ_f ist positiv, wenn die Feststoffe in Zonen höherer Feststoff-Temperatur wandern. Sinkt die Temperatur der wandernden Feststoffe, so ist dQ_f negativ. Auf die Berechnung der Wärmespeicherung in den Feststoffen wird in Abschn. 3.5 eingegangen.

Durch Multiplikation der Wärmemengen dQ_r und dQ_f mit dem Faktor $C_p/\alpha\,dF$ erhält man die Diagrammwerte

$$q_r = \frac{C_p}{\alpha}\,\frac{dQ_r}{dF} = \Lambda\,(\psi_{u_{0gl}} - \psi_u)\,\frac{q_0}{n_u}, \tag{211}$$

$$q_f = \frac{C_p}{\alpha}\,\frac{dQ_s}{dF} = \frac{C_p}{\alpha}\,\frac{dt_0}{dF}\,\sum_f \dot{M}_j\,C_j. \tag{212}$$

Mit Diagrammwerten für alle Glieder schreibt sich die Bilanzgleichung:

$$q_r = q_\alpha + q_u + q_\lambda + q_f \quad [\text{kcal/kmol}]. \tag{213}$$

Die Wärmemengen q_u, q_λ und q_f sind im allgemeinen klein gegenüber der Reaktionswärme q_r und nur als Korrekturglieder in der Bilanzgleichung aufzufassen. Am Festkörpereintritt eines Reaktionsraumes

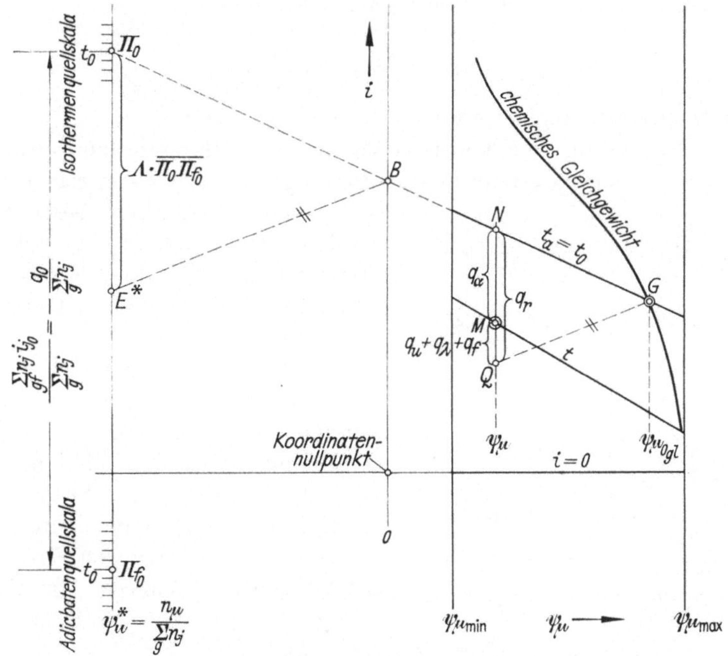

Abb. 45. Hauptgleichung des ungekühlten Reaktors für eine Gas/Feststoff-Reaktion

können jedoch q_λ und q_f relativ große Werte annehmen, wenn die Feststoffe kalt eingespeist werden. Dann müssen sich die Feststoffe im Reaktor erst erwärmen, bevor eine merkliche Reaktion einsetzen kann.

Führt man in die obige Beziehung für q_r und q_α die Ausdrücke nach Gl. (211) und (123) ein, so erhält man die Hauptgleichung des ungekühlten

Reaktors für eine Gas/Feststoff-Reaktion:

$$\varLambda\,(\psi_{\mu_{0gl}} - \psi_{\mu})\,\frac{q_0}{n_\mu} = C_p(t_0 - t) + q_u + q_\lambda + q_f. \qquad (214)$$

Die Gleichung ist in Abb. 45 dargestellt worden. Die Konstruktion unterscheidet sich nur geringfügig von der für reine Gasreaktionen gültigen Konstruktion.

An die Stelle des festen Adiabatenpoles $\varPi^*$ tritt der von der Grenzflächentemperatur t_0 abhängige Punkt $\varPi_{f_0}$ auf der Adiabatenquellskala. Die Lage des Konstruktionspunktes E^* ist deshalb durch

$$\overline{\varPi_0 E^*} = \varLambda\,\frac{q_0}{n_\mu} = \varLambda \cdot \overline{\varPi_0\varPi_{f_0}}$$

bestimmt.

Den Konstruktionspunkt Q erhält man, wenn auf der Ordinate ψ_μ vom Gemischpunkt M die Wärmemengensumme

$$q_u + q_\lambda + q_f = \overline{MQ}$$

vorzeichenrichtig abgetragen wird.

Die Anwendung der Konstruktion zur Ermittlung des zugeordneten chemischen Gleichgewichts an der Phasengrenze ist bei den reinen Gasreaktionen ausführlich beschrieben worden. Zu beachten ist, daß am Festkörpereintritt die Festkörpertemperatur stets gegeben ist und das zugeordnete chemische Gleichgewicht demzufolge aufgezwungen wird. Treten bei großen Stofftransportwiderständen merkliche Gleichgewichtsverschiebungen an der Phasengrenze auf, so sind die Ausführungen in Abschn. 2.7 sinngemäß anzuwenden.

Um auch die örtlichen Zustandsänderungen des Gemisches im Reaktor zu erfassen, wird eine Bilanzhülle um das gesamte Raumelement gelegt (Abb. 46).

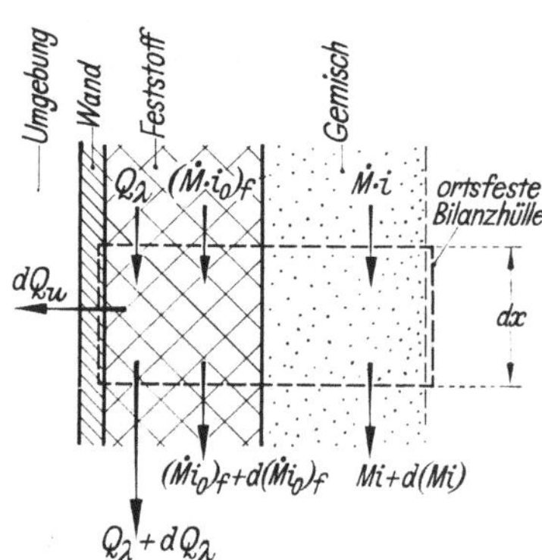

Abb. 46. Reaktorelement (schematisch)

Die Wärmebilanz des Raumelements schreibt sich:

$$d(\dot M \cdot i) + d\sum_f \dot M_j\, i_{j_0} + dQ_u + dQ_\lambda = 0\,, \qquad (215)$$

oder auch:

$$\dot M\,di + i\,d\dot M + \sum_f i_{j_0}\,d\dot M_j + dQ_u + dQ_\lambda + dQ_f = 0\,. \qquad (216)$$

Führt man ein:

$$\dot{M} = \left(\frac{n_u}{\underset{g}{\sum} n_j} - \psi_u \right) \frac{d\dot{M}}{d\psi_u},$$

$$d\dot{M} = \frac{\underset{g}{\sum} n_j}{n_j} d\dot{M}_j,$$

$$d\dot{M}_j = \frac{n_j}{n_u} dM_u = - \frac{n_j}{\underset{gf}{\sum} n_j i_{j_0}} dQ_r,$$

so folgt nach einigen Umformungen die Richtungsgleichung des ungekühlten Reaktors:

$$\frac{di}{d\psi_u} = - \frac{1}{\dfrac{n_u}{\underset{g}{\sum} n_j} - \psi_u} \left[i + \frac{\underset{f}{\sum} n_j i_{j_0}}{\underset{g}{\sum} n_j} - \frac{\underset{gf}{\sum} n_j i_{j_0}}{\underset{g}{\sum} n_j} \frac{q_u + q_\lambda + q_f}{q_r} \right]. \quad (217)$$

Die geometrische Abbildung der Gleichung im i, ψ-Diagramm ist wieder
sehr einfach (Abb. 47).

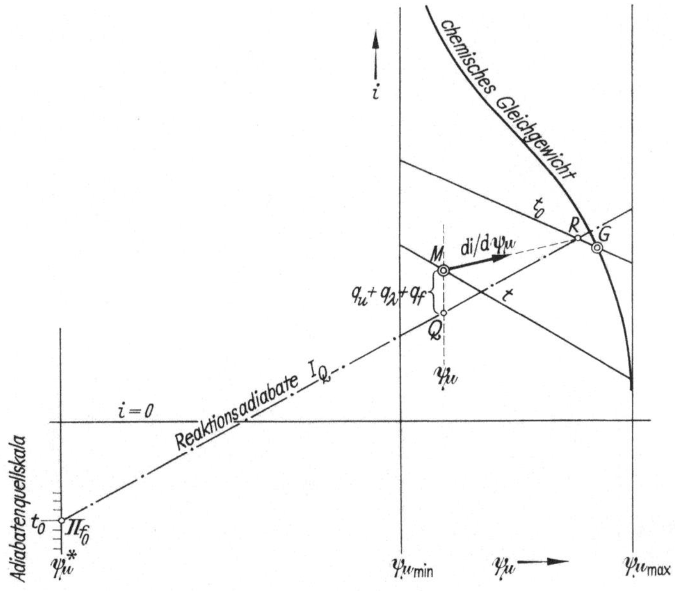

Abb. 47. Richtungsgleichung des ungekühlten Reaktors für eine Gas/Feststoff-Reaktion

Durch den bekannten Konstruktionspunkt Q des Diagrammes wird
eine Reaktionsadiabate I_Q gelegt, die ihren Ursprung im Punkt Π_{f_0} auf
der Adiabatenquellskala hat. Die Adiabate schneidet die Grenzflächenisotherme im Richtpunkt R. Zu diesem Punkt hin muß sich der Gemischpunkt M augenblicklich verschieben.

Die Gültigkeit der Konstruktion ist nach den Ausführungen in Abschn. 2.612 leicht einzusehen, wenn man sich weiter erinnert, daß der Adiabatenquellpunkt Π_{f_0} durch die spezifische Enthalpie

$$i_{f_0}^* = -\,\frac{\sum\limits_f n_j\, i_{j_0}}{\sum\limits_g n_j}$$

bestimmt ist.

Die Zustandskurven des Gemisches werden nach dem bereits besprochenen Schrittverfahren ermittelt.

3.32 Gekühlter Reaktionsraum

In den örtlichen Wärmebilanzen des gekühlten Reaktionsraumes für eine Gas/Feststoff-Reaktion erscheint neben den im letzten Abschnitt besprochenen Gliedern noch die an das Kühlmittel abgeführte Wärmemenge dQ_k.

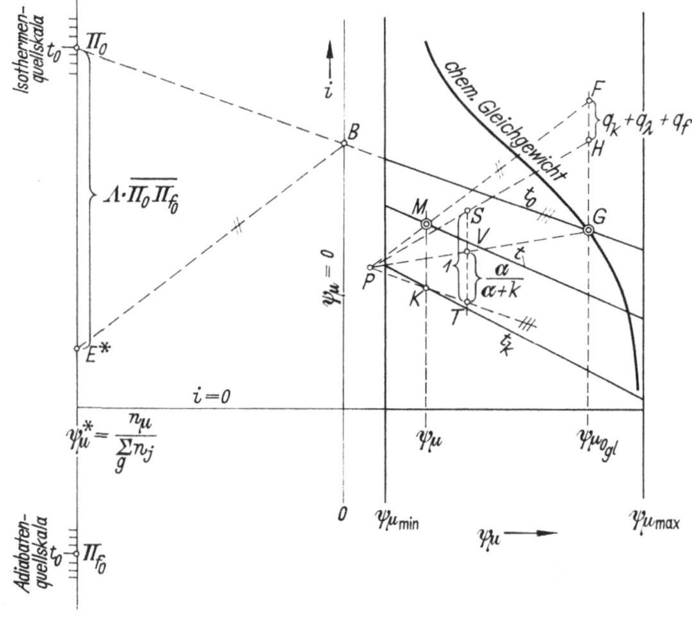

Abb. 48. Hauptgleichung des gekühlten Reaktors für eine Gas/Feststoff-Reaktion

Die Wärmebilanz für den Festkörperraum eines Raumelements schreibt sich:

$$dQ_r = dQ_\alpha + dQ_k + dQ_u + dQ_\lambda + dQ_f \quad [\text{kcal/s}]\,, \tag{218}$$

oder mit Diagrammwerten:

$$q_r = q_\alpha + q_k + q_u + q_\lambda + q_f \quad [\text{kcal/kmol}]\,. \tag{219}$$

Durch Umformungen, wie sie bei den reinen Gasreaktionen angewendet wurden, folgt daraus die Hauptgleichung der Gas/Feststoff-Reaktion in einem gekühlten Reaktor:

$$C_p(t_0 - t_k) = \frac{\alpha}{\alpha + k}\left[C_p(t - t_k) + \Lambda\,(\psi_{u_{0gl}} - \psi_u)\,\frac{q_0}{n_u} - q_u - q_\lambda - q_f\right]. \quad (220)$$

Ihre geometrische Darstellung zeigt Abb. 48.

Geringfügige Änderungen gegenüber Abb. 28 ergeben sich nur dadurch, daß der temperaturabhängige Adiabatenquellpunkt Π_{f_0} an die Stelle des festen Adiabatenpoles Π^* tritt, und daß der Abstand des

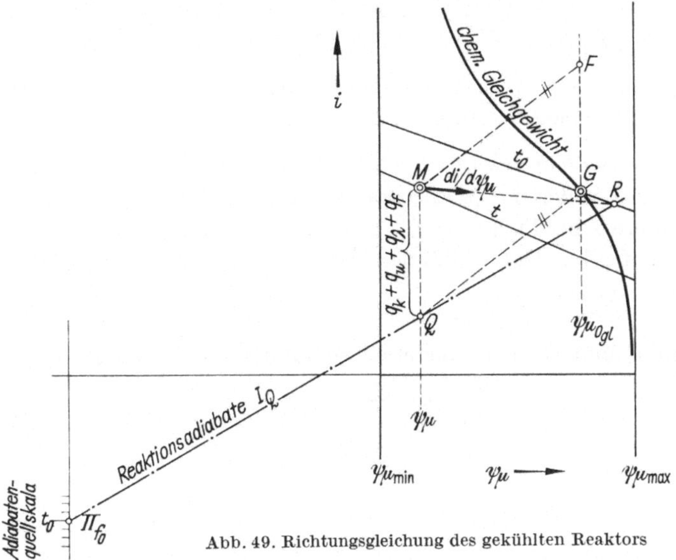

Abb. 49. Richtungsgleichung des gekühlten Reaktors

Konstruktionspunktes H vom Konstruktionspunkt F auf der Gleichgewichtsordinate $\psi_{u_{0gl}}$ durch die Wärmemengensumme $(q_u + q_\lambda + q_f)$ bestimmt ist.

$$\overline{FH} = q_u + q_\lambda + q_f.$$

Aus der Wärmebilanz für das gesamte Raumelement des Reaktors,

$$d(\dot{M} \cdot i) + d\left(\sum_f \dot{M}_j \cdot i_{j_0}\right) + dQ_k + dQ_u + dQ_\lambda = 0, \quad (221)$$

erhält man weiter die Richtungsgleichung der Gas/Feststoff-Reaktion im gekühlten Reaktionsraum:

$$\frac{di}{d\psi_u} = -\frac{1}{\dfrac{n_u}{\sum\limits_g n_j} - \psi_u}\left[i + \frac{\sum\limits_f n_j i_{j_0}}{\sum\limits_g n_j} - \frac{\sum\limits_{gf} n_j i_{j_0}}{\sum\limits_g n_j}\,\frac{q_k + q_u + q_\lambda + q_f}{q_r}\right]. \quad (222)$$

Die Gleichung ist in Abb. 49 dargestellt worden.

3.4 „Abbrandverhältnis", Schrittflächen und Schrittvolumen

Es ist schon in der Einführung zu Abschn. 3 darauf hingewiesen worden, daß sich bei Gas/Feststoff-Reaktionen die geometrischen Daten der Feststoffe mit wachsendem „Abbrand" ändern.

Bei stationärem Reaktorbetrieb wird man jedoch am gleichen Ort des Reaktionsraumes im Mittel auch immer das gleiche Feststoffkorn antreffen.

Als Maß für den „Abbrand" kann das Verhältnis

$$\zeta = \frac{\dot{M}'_f - \dot{M}_f}{\dot{M}'_f} \tag{223}$$

benutzt werden.

$\dot{M}'_f$ [kmol/s]   reduzierte Feststoffmenge,
$\dot{M}_f$ [kmol/s]   örtliche Feststoffmenge.

Für die Berechnung des Reaktionsraumes muß die Abhängigkeit der inneren und äußeren Festkörperabmessungen (Korndurchmesser, Porosität, innere Oberfläche usw.) vom „Abbrandverhältnis" bekannt sein. Die betreffenden Daten können in einem Labor-Vorversuch ermittelt werden.

Über die Stoffbilanzen der Reaktion besteht zwischen „Abbrandverhältnis" und Gemischzusammensetzung die Beziehung:

$$\zeta = \frac{\dot{M}'}{\dot{M}'_f} \frac{\underset{f}{\sum} n_j}{\underset{g}{\sum} n_j} \; \frac{\psi'_\mu - \psi_\mu}{\dfrac{n_u}{\underset{g}{\sum} n_j} - \psi_\mu} \, . \tag{224}$$

Auf Grund dieses Zusammenhanges können die geometrischen Daten der Kontaktkörper auch als Funktion der Gemischzusammensetzung angegeben werden. Dann wiederum lassen sich die örtlichen Stoff- und Wärmetransportwiderstände des Reaktors berechnen und die Zustandskurve des Gemisches im i, ψ-Diagramm nach dem Schrittverfahren konstruieren.

Die Schrittflächen des Reaktionsraumes folgen der Gleichung

$$\Delta F = \frac{\dfrac{n_\mu}{\underset{g}{\sum} n_j} - \psi'_\mu}{\overline{k}_{\text{eff}}} \cdot \Delta \Phi, \tag{225}$$

wobei für die Flächenfunktion von Gas/Feststoff-Reaktionen zu setzen ist:

$$\Phi(\psi_\mu, \overline{\psi}_{\mu_{0}gl}) = \frac{\dfrac{n_\mu}{\underset{g}{\sum} n_j}}{\left(\dfrac{n_\mu}{\underset{g}{\sum} n_j} - \overline{\psi}_{\mu_{0}gl}\right)^2} \left\{ - \frac{\dfrac{n_\mu}{\underset{g}{\sum} n_j} - \overline{\psi}_{\mu_{0}gl}}{\dfrac{n_\mu}{\underset{g}{\sum} n_j} - \psi_\mu} + \ln \left| \frac{\dfrac{n_\mu}{\underset{g}{\sum} n_j} - \psi_\mu}{\overline{\psi}_{\mu_{0}gl} - \psi_\mu} \right| \right\} \cdot \tag{226}$$

Das Schrittvolumen des Reaktionsraumes läßt sich wieder berechnen aus:

$$\Delta V_R = \overline{\left(\frac{dV_R}{dF}\right)} \Delta F. \tag{227}$$

Der Quodient dV_R/dF ändert sich längs des Reaktionsraumes. Für jeden Schritt ist ein mittlerer Wert einzusetzen.

Das Gesamtvolumen des Reaktionsraumes folgt als Summe der Schrittvolumen:

$$V_R = \Sigma \Delta V_R.$$

3.5 Wärmespeicherung der wandernden Feststoffe

Der bei Gas/Feststoff-Reaktionen auftretende „Abbrand" läßt die Festkörperdimensionen zusammenschrumpfen und verursacht einen stetigen Festkörperfluß im Reaktionsraum. Dabei gelangen die Feststoffe in Zonen unterschiedlicher Temperatur und speichern dabei Wärme oder geben Wärme ab.

Für den Vergleichs- oder Diagrammwert der örtlich gespeicherten oder abgegebenen Wärmemenge war in Abschn. 3.31 angegeben worden:

$$q_f = \frac{C_p}{\alpha} \frac{dt_0}{dF} \sum_f \dot{M}_j C_j \quad [\text{kcal/kmol}].$$

Das Glied $\sum_f \dot{M}_j C_j$ läßt sich umformen zu:

$$\sum_f \dot{M}_j C_j = \sum_f \dot{M}'_j C_j - \zeta \cdot \dot{M}'_f \frac{\sum_f n_j C_j}{\sum_f n_j}. \tag{228}$$

Da die Molwärmen C_{f_j} der Feststoffkomponenten im allgemeinen nur wenig temperaturabhängig sind, kann das Abbrandverhältnis ζ als einzige Variable der Beziehung angesehen werden. ζ läßt sich aus der örtlichen Zusammensetzung des Gemisches berechnen [Gl. (224)].

Den Gradienten dt_0/dF in Gl. (212) ermittelt man am einfachsten graphisch. Dazu wird die Festkörpertemperatur über der geometrischen Kontaktkörperoberfläche zu einer Kurve $t_0 = f(F)$ aufgetragen (Abb. 50). Der Gradient kann als Steigungsmaß dieser Kurve unmittelbar abgegriffen werden.

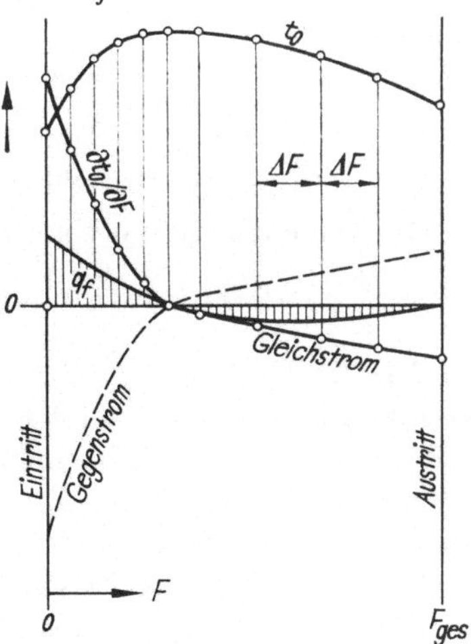

Abb. 50. Temperaturprofil $t_0 = f(F)$, Temperaturgradient $\partial t_0/\partial F = f(F)$, gespeicherte Wärmemenge $q_f = f(F)$

Die positive Richtung für den Gradienten dt_0/dF ist die Strömungsrichtung der Feststoffe. Sie kann sich von der Strömungsrichtung des Gemisches unterscheiden (bei Gegenstrom). Darauf ist bei der Festlegung des Vorzeichens für dt_0/dF zu achten.

Bei der ersten Durchrechnung eines Reaktionsraumes ist der Temperaturverlauf $t_0 = f(F)$ immer nur bis zum gerade untersuchten Querschnitt bekannt. Man kann nun entweder auf eine Berücksichtigung des Gliedes q_f zunächst verzichten und sie einer zweiten Durchrechnung vorbehalten, oder aber den Kurvenverlauf $t_0 = f(F)$ bzw. $dt_0/dF = f(F)$ um jeweils eine Schrittfläche ΔF extrapolieren, wobei die nachfolgende Rechnung die Extrapolation bestätigen müßte. Die zuletzt genannte Methode führt schneller und sicherer zum Ziel. Sie läßt sich auch auf die Berechnung der resultierenden Wärmeleitmenge q_λ anwenden.

3.6 Phasenänderungen als Sonderfälle chemischer Reaktionen

Kondensations-, Sublimations-, Verdampfungsvorgänge u. dgl., kurz Phasenänderungen, gelten streng genommen nicht als chemische Reaktionen; sie können aber im weiteren Sinne als Sonderfälle chemischer Reaktionen aufgefaßt und so behandelt werden.

Das Berechnungsverfahren war in der Einführung auf Reaktionen beschränkt worden, an denen jeweils mindestens ein gasförmiger Reaktant teilnimmt. Dadurch werden auch hier die Phasenänderungen fest — flüssig ausgeschlossen. Die noch verbleibenden Phasenänderungen eines Stoffes lassen sich in die „Reaktionsgleichung"

$$n_f A_f = n_d A_d \tag{229}$$

kleiden.

A_f feste oder flüssige Komponente,
A_d dampfförmige Komponente,
n_f „Reaktionszahl" der festen oder flüssigen Komponente,
n_d „Reaktionszahl" der dampfförmigen Komponente.

Da keine chemische Umwandlung stattfindet, gilt immer:

$$|n_f| = |n_d|; \qquad \frac{n_d}{n_f} = -1.$$

Die Darstellung von Zustandsänderungen in Enthalpie/Zusammensetzungs-Diagrammen setzt ferner ein gasförmiges „Reaktionsgemisch" mit mindestens zwei Komponenten voraus. Es wird daher nur jene wichtige Gruppe von Phasenänderungen fest—dampfförmig bzw. flüssig—dampfförmig untersucht, wo sich der seinen Aggregatzustand ändernde Stoff in der Gesellschaft inerter Gase befindet.

Die Gesamtmenge M des laufenden Gemisches besteht aus der Dampfmenge M_d und der Inertgasmenge M_N:

$$M = \sum_g M_j = M_d + M_N \quad \text{[kmol]}. \tag{230}$$

Auch wenn das Inertgas aus mehreren Komponenten besteht (z. B. Luft), kann es wie ein einheitliches Gas behandelt werden.

Die Zusammensetzung des laufenden Gemisches ist durch die Angabe des Molanteils ψ der dampfförmigen Komponente eindeutig bestimmt.

$$\psi = \frac{M_d}{M} \quad [\text{kmol/kmol}]. \tag{231}$$

ψ kann zwischen den Werten 0 und 1 schwanken.

$$0 \leq \psi \leq 1.$$

Für den Molanteil des Inertgases gilt:

$$\psi_N = 1 - \psi \quad [\text{kmol/kmol}]. \tag{232}$$

Der Molanteil der dampfförmigen Komponente wird als Abszisse für das i, ψ-Diagramm gewählt.

Die linke Diagrammbegrenzungsordinate charakterisiert das reduzierte Gemisch, welches hier aus dampffreiem Inertgas besteht:

$$i' = i(\psi = 0; t) = i_N \quad [\text{kcal/kmol}]. \tag{233}$$

Auf der rechten Diagrammbegrenzungsordinate liegen die Zustände reinen Dampfes:
$$i'' = i(\psi = 1; t) = i_d \quad [\text{kcal/kmol}]. \tag{234}$$

Die Isothermen- und Adiabatenquellskala fallen ebenfalls auf die rechte Diagrammbegrenzungsordinate:

$$\psi^* = \frac{n_d}{\sum\limits_{g} n_j} = 1. \tag{235}$$

Die Temperaturpunkte der Isothermen- und Adiabatenquellskala sind dann bestimmt durch die spezifischen Enthalpien des reinen Dampfes und der reinen Flüssigkeit bzw. des reinen Feststoffes:

$$i^* = \frac{\sum\limits_{g} n_j i_j}{\sum\limits_{g} n_j} = i_d, \tag{236}$$

$$i_f^* = -\frac{\sum\limits_{f} n_j i_j}{\sum\limits_{g} n_j} = i_f, \tag{237}$$

$$i^* - i_f^* = \frac{\sum\limits_{gf} n_j i_j}{\sum\limits_{g} n_j} = i_d - i_f, \tag{238}$$

$$q = -(i_d - i_f) \ [\text{kcal/kmol}] \quad \text{Verdampfungswärme[1].}$$

---

[1] Das negative Vorzeichen rührt daher, daß die bei chemischen Reaktionen übliche Vorzeichenregel
$$\sum\limits_{gf} n_j i_j + q = 0$$
auch hier beibehalten werden soll.

Für die „Gleichgewichtskonstanten" von Phasenänderungen gilt:

$$K_p = \prod_g P_{j_{gl}}^{n_j} = P_{d_{gl}}, \tag{239}$$

$$K_\mathfrak{r} = \prod_g \mathfrak{r}_{j_{gl}}^{n_j} = \mathfrak{r}_{d_{gl}} = \psi_{gl}, \tag{240}$$

$$\frac{K_p}{K_\mathfrak{r}} = P_g^{\Sigma n_j} = P. \tag{241}$$

Die Temperaturfunktion der „Gleichgewichtskonstante" K_p wird als Dampfdruckkurve bezeichnet:

$$K_p(t) = p_{d_{gl}}(t) \quad \text{Dampfdruckkurve.}$$

An die Stelle der Gleichgewichtslinie im i, ψ-Diagramm tritt die Sättigungs- oder Taulinie.

Die Haupt- und Richtungsgleichung des ungekühlten „Reaktors" (besser Austauschers) nehmen die Formen an:

$$\Lambda(\psi_{0gl} - \psi) q_0 = C_p(t_0 - t) + q_u + q_\lambda + q_f, \tag{242}$$

$$\frac{di}{d\psi} = -\frac{1}{1-\psi}\left[i - i_f - (i_{d_0} - i_{f_0}) \frac{q_u + q_\lambda + q_f}{q_r}\right]. \tag{243}$$

Für den gekühlten „Reaktor" gilt:

$$C_p(t_0 - t_k) = \frac{\alpha}{\alpha + k}\left[C_p(t - t_k) + \Lambda(\psi_{0gl} - \psi) q_0 - q_u - q_\lambda - q_f\right], \tag{244}$$

$$\frac{di}{d\psi} = -\frac{1}{1-\psi}\left[i - i_f - (i_{d_0} - i_{f_0}) \frac{q_k + q_u + q_\lambda + q_f}{q_r}\right]. \tag{245}$$

Die „Reaktionswiderstände" sind bei Phasenänderungen im allgemeinen vernachlässigbar klein gegenüber den Stofftransportwiderständen, so daß gesetzt werden darf:

$$k_{\text{eff}} = \frac{\beta}{\mathfrak{v}}, \tag{246}$$

$$\Lambda = \frac{\beta C_p}{\mathfrak{v}\,\alpha}. \tag{247}$$

An der Phasengrenzfläche kann daher mit der „Gleichgewichtseinstellung" (Einstellung des Sättigungszustandes) gerechnet werden:

$$\psi_0 = \psi_{0gl}.$$

Bei Phasenänderungen flüssig—dampfförmig übernimmt die Rolle des Kontaktkörperbettes ein Flüssigkeitsfilm oder ein System von Flüssigkeitstropfen. Die Phasengrenzfläche wird zur Film- oder Tropfenoberfläche.

Die Flächenfunktion Φ geht über in:

$$\Phi(\psi, \overline{\psi}_{0gl}) = \frac{1}{(1 - \overline{\psi}_{0gl})^2}\left[-\frac{1 - \overline{\psi}_{0gl}}{1 - \psi} + \ln\left|\frac{1 - \psi}{\overline{\psi}_{0gl} - \psi}\right|\right], \tag{248}$$

und für die Schrittfläche folgt:

$$\Delta F = \frac{\dot{M}_N}{\overline{k}_{\text{eff}}} \Delta \Phi \,.$$

Die Kühlmittelerwärmung errechnet sich aus:

$$\Delta i' = \Delta i_N = C_{p_N} \Delta t_k = \frac{W_N}{W_k} \overline{\left(\frac{q_k}{A}\right)} \Delta \Phi \,. \tag{249}$$

Es ist zu erkennen, daß sich die Berechnung von Phasenänderungen gegenüber der Berechnung von echten chemischen Reaktionen in vielen Punkten vereinfacht; grundsätzliche Änderungen ergeben sich jedoch nicht.

Für zwei technisch wichtige Beispiele von Phasenänderungen sollen noch die speziellen Diagrammabbildungen der Haupt- und Richtungsgleichungen wiedergegeben werden.

3.61 Der Kühlturm als Sonderfall eines ungekühlten Reaktors

Kühltürme oder Kühlwerke werden in der Technik eingesetzt, um große Mengen erwärmter Flüssigkeiten (im allgemeinen Wasser) zurückzukühlen.

Das Kühlprinzip beruht darauf, einen geringen Teil der Flüssigkeit in einen Luftstrom verdunsten zu lassen, wobei die erforderliche Verdunstungswärme im wesentlichen der Flüssigkeit entzogen wird. Dem Verdunstungsvorgang überlagert sich noch ein Wärmeaustausch mit der strömenden Luft.

Der Kühlturm kann formal wie ein ungekühlter Reaktor behandelt werden, in dem eine endotherme Kontaktreaktion zwischen einer Flüssigkeit und einem Dampf/Inertgas-Gemisch abläuft [Gl. (242) u. (243)].

Den Wärmeaustausch zwischen den Kühlturmwänden und der Umgebung wird man vernachlässigen dürfen:

$$q_u \approx 0 \,.$$

In den üblichen Kühlturmkonstruktionen wird ein möglichst wirkungsvoller Kühleffekt dadurch erzielt, daß man die zu kühlende Flüssigkeit (den „reagierenden Kontaktstoff“) durch Spritzteller, Düsen, Latten u. dgl. in viele kleine Filme und Tropfen mit großer Oberfläche zerlegt. Eine axiale Wärmeleitung in der Flüssigkeit wird dadurch praktisch unterbunden, so daß auch

$$q_\lambda \approx 0$$

gesetzt werden darf.

Mit diesen Annahmen für den Kühlturm ist die Hauptgleichung (242) in Abb. 51 und die Richtungsgleichung (243) in Abb. 52 graphisch dargestellt worden.

Die Wärmemenge q_f darf beim Kühlturm nicht als eine zweitrangige Größe angesehen werden, mit der man lediglich eine zunächst nicht ganz vollständige Wärmebilanz korrigiert. Vielmehr ist der Wärmeentzug aus

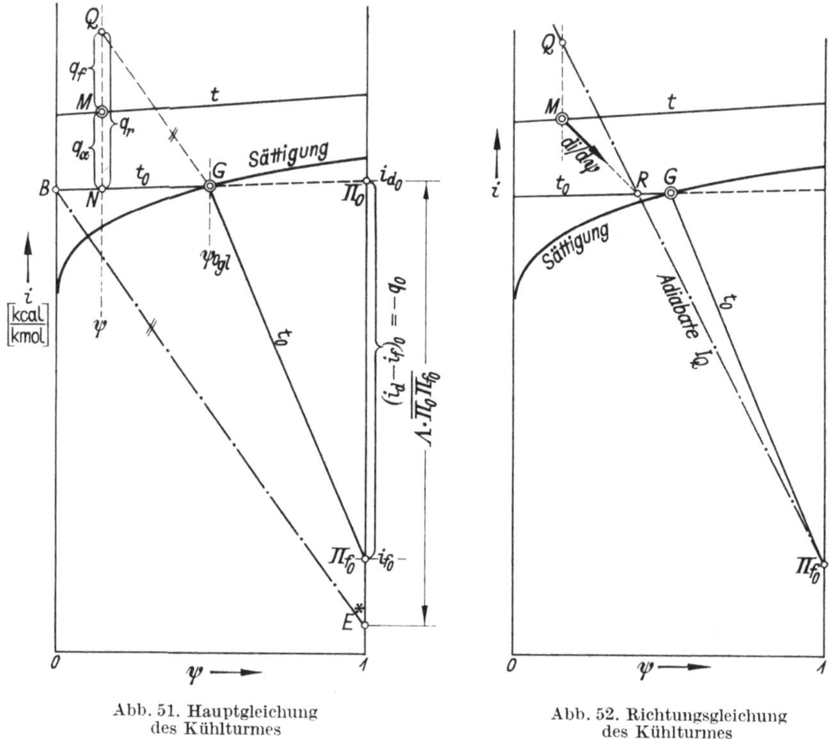

Abb. 51. Hauptgleichung
des Kühlturmes

Abb. 52. Richtungsgleichung
des Kühlturmes

der Flüssigkeit, und damit deren Temperatursenkung, der Zweck des Kühlwerkes.

Die Konstruktion nach Abb. 51 wird daher jetzt dazu benutzt, die Wärmemenge q_f zu ermitteln. Man beginnt am Lufteintritt. Dort ist der Gemischzustand M_1 und die Flüssigkeitstemperatur t_{0_1} bekannt[1]; der Grenzflächenzustand G wird aufgezwungen. Die Konstruktion liefert den Punkt Q, und q_f kann als Strecke abgegriffen werden:

$$q_f = \overline{QM}\,.$$

____

[1] Bei Gegenstromführung wird die geforderte Austrittstemperatur der Flüssigkeit zugrunde gelegt.

Nach Abb. 52 wird dann die Richtung konstruiert, in der sich der Gemischzustand verschiebt, und ein neuer Gemischpunkt M_2 festgelegt (Abb. 53). Die Änderung der Flüssigkeitstemperatur, und damit die Verschiebung des Grenzflächenzustandes G, wird errechnet aus:

$$\Delta i_{N_0} = C_{p_N}\,\Delta t_0 \approx -\frac{W_N}{W_f}\overline{\left(\frac{q_f}{\Lambda}\right)}\Delta\Phi.$$

(250)

W_N [kcal/grd s]   „Wasserwert" der trockenen Luft,

W_f [kcal/grd s]   „Wasserwert" der Flüssigkeit.

Für das Verhältnis (q_f/Λ) ist ein Schrittmittelwert einzusetzen. Δi_{N_0} wird auf der Ordinate $\psi = 0$ von der Isotherme t_{0_1} aus abgetragen und liefert die neue Isotherme t_{0_2} und den neuen Grenzflächenzustand G_2 für den nächsten Schritt. Der Verdunstungsvorgang im Kühlturm wurde von Bošnjaković vor einigen Jahren schon mit Hilfe des i, x-Diagrammes behandelt. Dabei ergaben sich sehr ähnliche Lösungen.

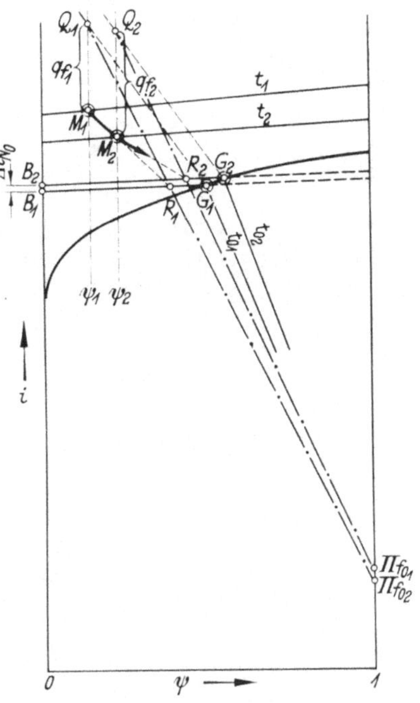

Abb. 53. Schrittverfahren beim Kühlturm

3.62 Der Kondensator als Sonderfall eines gekühlten Reaktors

Der Kondensator zum Niederschlagen von Dämpfen aus Dampf/Gas-Gemischen kann als eine Abart des gekühlten Reaktors für exotherme Gas/Flüssigkeits-Reaktionen angesehen werden. Der Dampf kondensiert an Kühlflächen und bildet dort einen dünnen, abfließenden Film. Der Kondensationsablauf wird durch die Gln. (244) und (245) beschrieben. Die zugehörigen Diagrammkonstruktionen zeigen Abb. 54 und 55 (als Sonderfälle von Abb. 48 und 49).

Die Kondensation von Dämpfen im Beisein von Inertgasen wurde schon früher mit dem i, ψ-Diagramm behandelt [15, 16]. Die hier angegebene Konstruktion der Hauptgleichung geht unter der vertretbaren Annahme

$$q_u + q_\lambda + q_f = 0$$

in die früheren Konstruktionen über.

Für die Abbildung der Richtungsgleichung konnte hier jedoch eine wesentlich einfachere Lösung gefunden werden.

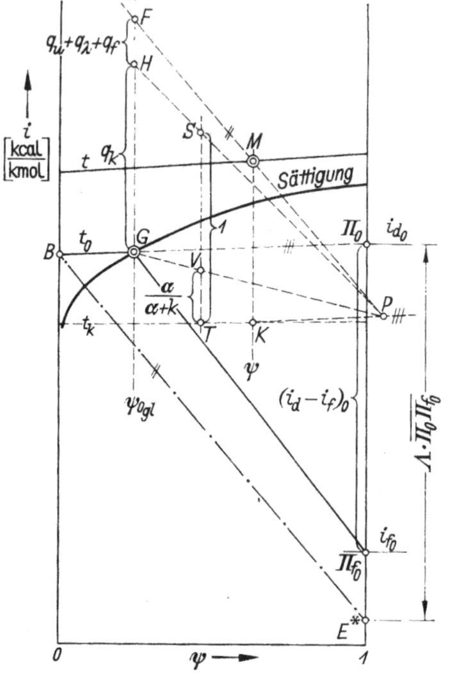

Abb. 54. Hauptgleichung des Kondensators für Dampf/Gas-Gemische

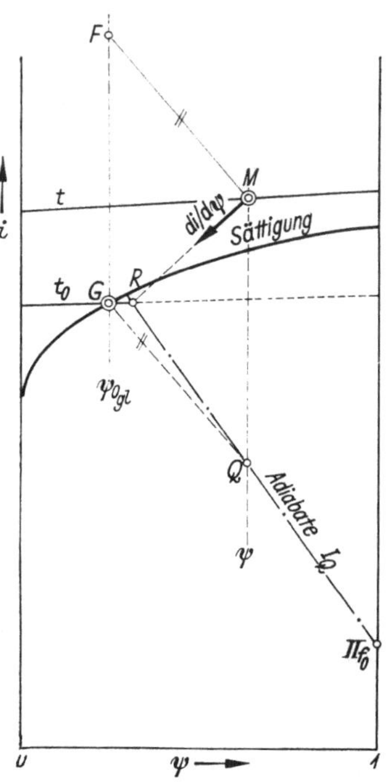

Abb. 55. Richtungsgleichung des Kondensators

Literaturverzeichnis

[1] Bošnjaković, F.: Forschung 10 (1939) H. 6, S. 256–269.
[2] Bošnjaković, F.: Wärmediagramme für Vergasung, Verbrennung und Ruß-
bildung, Berlin/Göttingen/Heidelberg: Springer 1956.
[3] Bošnjaković, F.: Chemie-Ing.-Techn. 29 (1927) H. 3, S. 187–197.
[4] Kopper, H.-H., u. E. Wicke: Chemie-Ing.-Techn. 30 (1959) H. 7, S. 454–457.
[5] Brötz, W.: Grundriß der chemischen Reaktionstechnik, Weinheim/Bergstr.:
Verlag Chemie 1958.
[6] Frank-Kamenetzki, D. A.: Stoff- und Wärmeübertragung in der chemischen
Kinetik. Ins Deutsche übertragen und bearbeitet von J. Pawlowski. Berlin/
Göttingen/Heidelberg: Springer 1959.
[7] Damköhler, G.: Der Chemie-Ingenieur (Eucken-Jakob) III (1937) H. 1,
S. 430.
[8] Thiele, E. W.: Ind. Engng. Chem. 31 (1939) H. 7, S. 916–920.
[9] Zeldowitsch, J. B.: Acta physicochim URSS 10 (1939) S. 583.
[10] Wagner, C.: Z. physik. Chem. (A) 193 (1944) H. 1/2, S. 1.
[11] Wicke, E.: Chemie-Ing.-Techn. 29 (1957) H. 5, S. 305–311.
[12] Rossberg, M., u. E. Wicke: Chemie-Ing.-Techn. 28 (1956) H. 3, S. 181–189.
[13] Wicke, E., u. W. Brötz: Chemie-Ing.-Techn. 21 (1949) H. 11/12, S. 219–226.
[14] Wicke, E.: Z. Elektrochem. 60 (1956) H. 8, S. 774–782.
[15] Algermissen, J.: Chemie-Ing.-Techn. 30 (1958) H. 8, S. 502–510.
[16] Bošnjaković, F.: Kylteknisk Tidskrift 16 (1957) H. 3, S. 142–146.

Sachverzeichnis